计算机辅助加工——UG NX 7 数控铣削自动编程实例解析

主　编　邓中华
副主编　宋福林　陈　洁　陈　波

北京理工大学出版社
BEIJING INSTITUTE OF TECHNOLOGY PRESS

图书在版编目（CIP）数据

计算机辅助加工：UG NX 7 数控铣削自动编程实例解析／邓中华主编．—北京：北京理工大学出版社，2020.1 重印

ISBN 978-7-5640-9142-2

Ⅰ.①计…　Ⅱ.①邓…　Ⅲ.①数控机床-铣削-计算机辅助设计-应用软件
Ⅳ.①TG547-39

中国版本图书馆 CIP 数据核字（2014）第 086899 号

出版发行／北京理工大学出版社有限责任公司

社　　　址／北京市海淀区中关村南大街 5 号

邮　　　编／100081

电　　　话／（010）68914775（总编室）

　　　　　　82562903（教材售后服务热线）

　　　　　　68948351（其他图书服务热线）

网　　　址／http：//www.bitpress.com.cn

经　　　销／全国各地新华书店

印　　　刷／北京虎彩文化传播有限公司

开　　　本／787 毫米×1092 毫米　1/16

印　　　张／11.25

字　　　数／260 千字

版　　　次／2020 年 1 月第 1 版第 10 次印刷

定　　　价／39.80 元

责任编辑／封　雪

文案编辑／封　雪

责任校对／周瑞红

责任印制／马振武

图书出现印装质量问题，请拨打售后服务热线，本社负责调换

前　言

当今，随着数控机床的不断普及，企业和社会对数控应用型人才的需求呈现高速增长的态势，"如何培养出受企业欢迎的数控技能型人才"成为教育界关注的热点问题。作为解决这一热点问题的一种尝试，以"项目导向、任务驱动"为模式的教学改革正在各个高校广泛开展。

"项目导向、任务驱动"教学法是一种以典型实践项目为中心，将教学目标融入各个项目中，通过完成项目来达到教学目标的教学方法。项目教学法不以学科为中心来组织教学内容，不强调知识的系统性、完整性，而是从实际应用的角度出发，注重知识、技能与实践的紧密结合，让学生学有所用、学以致用。

本书主要介绍 UG NX 7 软件铣削自动加工模块常用三轴加工的编程方法、技巧及应用实例。全书共分 3 个模块 12 个项目，内容包括 UG NX 7 CAM 基础知识、UG NX 7 CAM 二维加工和 UG NX 7 CAM 三维加工。内容设计上以项目为纽带，以任务为载体，层层递进，由浅入深，相关工艺知识、编程方法、参数设置和编程技巧有机结合，便于采用"项目导向、任务驱动"教学法。

本书的编写旨在通过本书的学习使读者具备数控技术专业必需的自动编程的基本知识和基本技能，初步具备计算机辅助编制数控铣（加工中心）程序的能力，为今后从事相关工作及继续学习打下基础。

本书由邓中华担任主编和主审，宋福林、陈洁、陈波担任副主编，具体编写分工如下：邓中华编写项目 3、5、6、8、9、10、11、12，宋福林编写项目 1、7，陈洁编写项目 2，陈波编写项目 4。黄登红、杨丰在本书的编写过程中给予了大力支持和帮助，北京理工大学出版社在编写过程中提供了很多技术和资源上的大力支持，在此一并表示感谢！

本书虽经反复推敲和校对，但因编者水平有限，书中不当之处在所难免，敬请读者批评指正。

编　者

目　　录

模块一　UG NX 7 CAM 基础知识

项目 1　UG NX 7 简介及 CAM 概述 ·· 3

1.1　UG NX 7 简介 ·· 3

1.2　UG NX 7 CAM 模块概述 ·· 5

1.3　UG CAM 操作界面及加工环境设置 ···································· 6

1.4　UG CAM 加工操作流程 ··· 9

1.5　思考与练习 ··· 18

模块二　UG NX 7 CAM 二维加工

项目 2　面铣削加工 ··· 21

2.1　项目任务 ··· 21

2.2　相关知识 ··· 21

2.3　任务实施 ··· 35

2.4　项目总结 ··· 43

2.5　思考与练习 ··· 43

项目 3　平面铣削加工 ··· 45

3.1　项目任务 ··· 45

3.2　相关知识 ··· 45

3.3　任务实施 ··· 53

3.4　项目总结 ··· 64

3.5　思考与练习 ··· 65

项目 4　点位加工 ··· 66

4.1　项目任务 ··· 66

4.2　相关知识 ··· 66

4.3　任务实施 ··· 70

4.4　思考与练习 ··· 76

项目 5　二维加工综合实例 1 ·· 77

5.1　项目任务 ··· 77

5.2　任务实施 ··· 77

5.3　思考与练习 ··· 87

项目 6　二维加工综合实例 2 ·· 88

6.1　项目任务 ··· 88

  6.2　任务实施 ·· 88
  6.3　思考与练习 ·· 98

模块三　UG NX 7 CAM 三维加工

项目 7　型腔铣削 ·· 101
　7.1　项目任务 ·· 101
　7.2　相关知识 ·· 101
　7.3　任务实施 ·· 106
　7.4　项目总结 ·· 113
　7.5　思考与练习 ·· 113
项目 8　曲面加工区域驱动及清根 ·· 115
　8.1　项目任务 ·· 115
　8.2　相关知识 ·· 115
　8.3　任务实施 ·· 119
　8.4　项目总结 ·· 127
　8.5　思考与练习 ·· 128
项目 9　曲面加工边界驱动 ·· 129
　9.1　项目任务 ·· 129
　9.2　相关知识 ·· 129
　9.3　任务实施 ·· 131
　9.4　项目总结 ·· 140
　9.5　思考与练习 ·· 141
项目 10　曲面加工曲面驱动 ·· 142
　10.1　项目任务 ·· 142
　10.2　相关知识 ·· 142
　10.3　任务实施 ·· 145
　10.4　项目总结 ·· 151
　10.5　思考与练习 ·· 152
项目 11　三维加工综合实例 1 ·· 153
　11.1　项目任务 ·· 153
　11.2　任务实施 ·· 153
　11.3　思考与练习 ·· 160
项目 12　三维加工综合实例 2 ·· 161
　12.1　项目任务 ·· 161
　12.2　任务实施 ·· 161
　12.3　思考与练习 ·· 172
参考文献 ·· 173

模块一
UG NX 7 CAM 基础知识

项目 1 UG NX 7 简介及 CAM 概述

1.1 UG NX 7 简介

UG NX 是 Siemens PLM Software 公司出品的一个产品工程解决方案,它为用户的产品设计及加工过程提供了数字化造型和验证手段。Unigraphics NX 针对用户的虚拟产品设计和工艺设计的需求,提供了经过实践验证的解决方案。

1.1.1 UG NX 的技术

UG 是 Unigraphics 的缩写,这是一个交互式 CAD/CAM(计算机辅助设计与计算机辅助制造)系统,它功能强大,可以轻松实现各种复杂实体及造型的建构。它在诞生之初主要基于工作站运行,但随着个人计算机(PC)硬件的发展和个人用户的迅速增加,它在 PC 上的应用迅猛增多,目前已经成为模具行业三维设计的一个主流应用。

UG 的开发始于 1990 年 7 月,它是基于 C 语言开发实现的。UG NX 是一个在二维和三维空间无结构网格上使用自适应多重网格方法开发的一个灵活的数值求解偏微分方程的软件工具。其设计思想足够灵活地支持多种离散方案,因此软件可对许多不同的应用进行再利用。

一个给定过程的有效模拟需要来自于应用领域(自然科学或工程)、数学(分析和数值数学)及计算机科学的知识。然而,所有这些技术在复杂应用中的使用并不是太容易,这是因为组合所有这些方法很复杂且需要大量交叉学科的知识,最终软件的实现变得越来越复杂,以至于超出了一个人能够管理的范围。一些非常成功的解偏微分方程的技术,特别是自适应网格加密(adaptive mesh refinement)和多重网格方法在过去的十年中已被数学家们所研究,同时计算机技术的快速发展,给软件开发带来了许多新的可能。

UG 的目标是用最新的数学技术,即自适应局部网格加密、多重网格和并行计算,为复杂应用问题的求解提供一个灵活的可再使用的软件基础。

1.1.2　UG NX 的结构

一个如 UG NX 这样的大型软件系统通常需要有不同层次的抽象描述。UG 具有三个设计层次，即结构设计（architectural design）、子系统设计（subsystem design）和组件设计（component design）。

至少在结构和子系统层次上，UG 是用模块方法设计的，并且信息隐藏原则被广泛地使用，所有陈述的信息被分布于各子系统之间。

1.1.3　UG NX 的优势

来自 Siemens PLM Software 的 NX 使企业能够通过新一代数字化产品开发系统实现向产品全生命周期管理转型的目标。NX 包含了企业中应用最广泛的集成应用套件，用于产品设计、工程和制造全范围的开发过程。

如今制造业所面临的挑战是：通过产品开发的技术创新，在持续的成本缩减以及收入和利润的逐渐增加的要求之间取得平衡。为了真正地支持革新，必须评审更多的可选设计方案，而且在开发过程中必须根据以往经验中所获得的知识更早地做出关键性的决策。

NX 是新一代数字化产品开发系统，它可以通过过程变更来驱动产品革新。 NX 独特之处是其知识管理基础，它使得工程专业人员能够推动革新以创造出更大的利润。 NX 可以管理生产和系统性能知识，根据已知准则来确认每一个设计决策。

NX 建立在为客户提供无与伦比的解决方案的成功经验基础之上，这些解决方案可以全面地改善设计过程的效率，削减成本，并缩短产品进入市场的时间。通过再一次将注意力集中于跨越整个产品生命周期的技术创新，NX 的成功已经得到了充分证实。这些都使得 NX 通过无可匹敌的全范围产品检验应用和过程自动化工具，把产品制造早期的从概念到生产的过程都集成到一个实现数字化管理和协同的框架中。

1.1.4　UG NX 发展史

1960 年，McDonnell Douglas Automation 公司成立。

1976 年，McDonnell Douglas Automation 公司收购了 Unigraphics CAD/CAE/CAM 系统的开发商——United Computer 公司，UG 的雏形问世。

1983 年，UG 上市。

1986 年，Unigraphics 吸取了业界领先的、为实践所证实的实体建模核心——Parasolid 的部分功能。

1989 年，Unigraphics 宣布支持 UNIX 平台及开放系统的结构，并将一个新的与 STEP 标准兼容的三维实体建模核心 Parasolid 引入 UG。

1990 年，Unigraphics 作为 McDonnell Douglas（现在的波音飞机公司）的机械 CAD/CAE/CAM 的标准。

1991 年，Unigraphics 开始了从 CAD/CAE/CAM 大型机版本到工作站版本的转移。

1993 年，Unigraphics 引入复合建模的概念，可以将实体建模、曲线建模、框线建模、半参数化及参数化建模融为一体。

1995 年，Unigraphics 首次发布了 Windows NT 版本。

1996 年，Unigraphics 发布了能自动进行干涉检查的高级装配功能模块、最先进的 CAM 模块以及具有 A 类曲线造型能力的工业造型模块。它在全球迅猛发展，占领了巨大的市场份额，已经成为高端及商业 CAD/CAE/CAM 应用开发的常用软件。

1997 年，Unigraphics 新增了包括 WEAV（几何连接器）在内的一系列工业领先的新增功能。WEAV 这一功能可以定义、控制、评估产品模板，被认为是在未来几年中业界最有影响的新技术。

2000 年，Unigraphics 发布了新版本的 UG17，新版本的发布使 UGS 公司成为工业界第一个可以装载包含深层嵌入"基于工程知识"（KBE）语言的世界级 MCAD 软件产品的供应商。

2001 年，Unigraphics 发布了新版本 UG18，新版本对旧版本的对话框进行了调整，使得在最少的对话框中能完成更多的工作，从而简化了设计。

2002 年，Unigraphics 发布了 UG NX 1.0。新版本继承了 UG18 的优点，改进和增加了许多功能，功能更强大，更完美。

2003 年，Unigraphics 发布了新版本 UG NX 2.0。新版本基于最新的行业标准，它是一个支持 PLM 的全新体系结构。EDS 公司同其主要客户一起，设计了这样一个先进的体系结构，用于支持完整的产品工程。

2004 年，Unigraphics 发布了新版本的 UG NX 3.0，它为用户的产品设计与加工过程提供了数字化造型和验证手段。它针对用户的虚拟产品设计和工艺设计的需要，提供经过实践验证的解决方案。

2005 年，Unigraphics 发布了新版本的 UG NX 4.0。它是崭新的 NX 体系结构，使得开发与应用更加简单和快捷。

2007 年 4 月，UGS 公司发布了 NX 5.0——NX 的下一代数字产品开发软件，帮助用户以更快的速度开发创新产品，实现更高的成本效益。

2008 年 6 月，Siemens PLM Software 发布 NX 6.0，建立在新的同步建模技术基础之上的 NX 6.0 在市场上产生了重大影响。同步建模技术的发布是 NX 的一个重要里程碑，并且向 MCAD 市场展示了 Siemens 的郑重承诺。

2009 年 10 月，西门子工业自动化业务部旗下机构、全球领先的产品生命周期管理（PLM）软件与服务提供商 Siemens PLM Software 宣布推出其旗舰数字化产品开发解决方案 NX™ 软件的最新版。NX 7.0 引入了"HD3D"（三维精确描述）功能，即一个开放、直观的可视化环境，有助于全球产品开发团队充分发掘 PLM 信息的价值，并显著提升其制定卓有成效的产品决策的能力。此外，NX 7.0 还新增了同步建模技术的增强功能。修复了很多 NX 6.0 所存在的漏洞，稳定性方面较 NX 6.0 有很大的提升。

1.2　UG NX 7 CAM 模块概述

UG NX 7 CAM 功能模块是基于 UG 的应用广泛的数控（NC）编程工具，该功能模块具有 25 年以上的实际加工应用经验，被广泛地应用于机械、汽车、模具、航空航天、消费电子等加工领域。

UG CAM 同时提供了以铣削为主的多种加工方法，包括 2～5 轴铣削加工、2～4 轴车削加工、点位加工等。UG CAM 可以进行交互式编程，经历从自动粗加工到用户自定义的精加工的过程，完成产品的加工制造，并可以对加工的刀路轨迹进行后置处理生成加工程序，从而构成一个功能强大的全面的加工模块。

1.3 UG CAM 操作界面及加工环境设置

1.3.1 UG CAM 操作界面

UG NX 7 中文版的常见工作界面如图 1-1 所示。用户可以按照自己的操作习惯和爱好来设定工作界面，也可以在屏幕上任意移动工具条的内容和位置。

标题栏
菜单栏
工具栏
状态栏
操作导航器
工作区

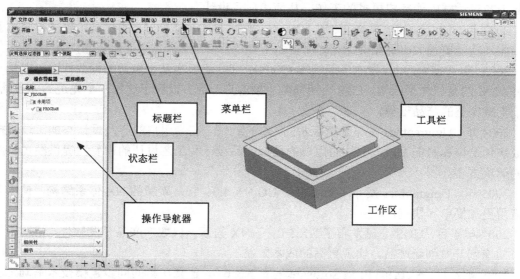

图 1-1　UG NX 7 CAM 主界面

UG CAM 的工作界面主要由标题栏、菜单栏、工具栏、状态栏、操作导航器和工作区等部分组成。

UG CAM 主界面各个部分的功能介绍如下：

（1）标题栏：显示软件的版本和当前模块的名称、当前打开的文件名称等。

（2）状态栏：主要用来显示系统及图元的状态。

（3）操作导航器：显示当前打开模型文件中的所有资源。

（4）菜单栏：主要用来调用各执行命令及对系统的参数进行设置。菜单栏几乎包含整个软件所有的命令，如图 1-2 所示。

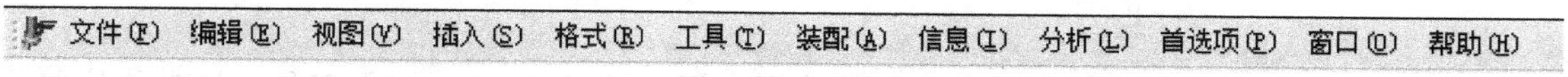

文件(F) 编辑(E) 视图(V) 插入(S) 格式(R) 工具(T) 装配(A) 信息(I) 分析(L) 首选项(P) 窗口(O) 帮助(H)

图 1-2　UG CAM 的菜单栏

（5）工具栏：工具栏以按钮的形式提供命令的操作方式，用户可以添加或移除工具按钮，如图 1-3 所示。

图 1-3　UG CAM 的工具栏

下面介绍一些常用的工具栏功能。

① 创建操作工具栏：如图 1-4 所示，插入工具栏包括创建操作、创建程序、创建刀具、创建几何体和创建方法 5 种工具，它们与插入主菜单下新增的 5 个菜单具有相同的作用。具体功能见表 1-1。

图 1-4　UG CAM 的创建操作工具栏

表 1-1　创建操作工具栏说明

功能	说　明
创建程序	建立一组程序的父节点，对象将显示在"操作导航器"的"程序视图"中
创建刀具	建立一把新的刀具并设置刀具的相关参数，对象将显示在"操作导航器"的"机床视图"中
创建几何体	建立几何体父节点，设定该几何体所包含的工件、毛坯和坐标系等参数，对象将显示在"操作导航器"的"机床视图"中
创建方法	建立一个加工方法节点，设定该方法的余量和加工公差等，对象将显示在"操作导航器"的"加工方法视图"中
创建操作	建立一个操作，选择操作模板，并设定操作参数，对象将显示在"操作导航器"的所有视图中

② 加工对象工具条：如图 1-5 所示，本工具栏提供了对加工操作的编辑、剪切、复制、粘贴和删除等多项功能。

图 1-5　UG CAM 的加工对象工具条

③ 加工操作工具条：如图 1-6 所示，本工具栏提供了生成刀轨、确认刀轨、列出刀轨、机床仿真和后处理等多项对加工操作的处理方法。

图 1-6　UG CAM 的加工操作工具条

④ 操作导航工具条：如图 1-7 所示，本工具栏提供了对已创建的加工操作的 4 种显示方式：程序顺序视图、机床视图、几何视图及加工方法视图，其中最常用的是几何视图。

图 1-7　UG CAM 的操作导航工具条

1.3.2　UG CAM 加工环境设置

　　当一个零件首次进入加工模块时，系统会弹出"加工环境"对话框，如图 1-8，要求先进行初始化。UG 的加工环境设置包含"CAM 会话配置"和"要创建的 CAM 设置"两个模块。

1.3.2.1　CAM 会话配置

　　在 CAM 会话配置的列表中列出了多种 CAM 配置，如表 1-2 所示，它用来定义可用的 CAM 设置模板，不同的 CAM 配置适合于不同的加工要求。

1.3.2.2　要创建的 CAM 设置

　　在要创建的 CAM 设置列表里面列出了多种加工方式，如表 1-3 所示，它用来定义要创建的加工类型、几何体、加工方法和操作顺序，一个 CAM 设置就是一个部件文件，常称其为模板。

图 1-8　UG "加工环境"对话框

表 1-2　常用的 CAM 会话配置

英　文　名　称	中　文　名　称
cam_general	通用加工配置
cam_library	库加工配置
hole_making	孔加工配置
turning	车削加工配置

表 1-3　常用的 CAM 设置

英　文　名　称	中　文　名　称
mill_planar	平面铣加工配置
mill_contour	轮廓铣加工配置
mill_multi_axis	多轴铣加工配置
drill	点位加工配置
hole_making	孔加工配置
turning	车削加工配置
wire_edm	线切割加工配置

1.4　UG CAM 加工操作流程

1.4.1　UG CAM 加工操作流程概述

UG 中各个加工模块的程序编制遵循一定的规律，但每个加工模块的基本流程是相同的。在 UG CAM 中，数控程序的生成可用图 1-9 所示的流程来表达。

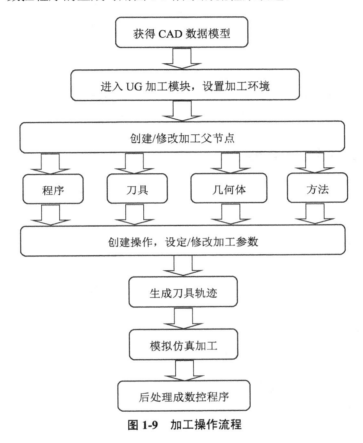

图 1-9　加工操作流程

1.4.2　UG CAM 加工操作流程实例

1.4.2.1　进入 UG 的加工模块

在 UG NX 7 中，可以直接新建加工文件。单击图标　或单击"文件"/"新建"选项，系统弹出"新建"对话框，单击"加工"选项卡，便可进入如图 1-10 所示的加工"新建"对话框。

在"新建"对话框的"加工"选项组下，选择模板，输入名称并选择目录，单击"要引用的部件后的　按钮，系统会弹出图 1-11 所示的"选择主模型部件"对话框，从列表中或者通过按钮　可选择主模型部件，单击"确定"即可进入"加工"模块。

像 UG NX 7 以前的版本一样，先进入 UG NX 7 的初始界面，打开文件后，单击"开始"/"加工"选项或者使用"Ctrl+Alt+M"组合键，也可进入"加工"模块，如图 1-12 所示。

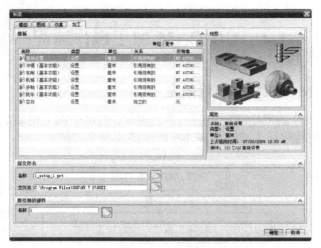

图 1-10　加工"新建"对话框

图 1-11　"选择主模型部件"对话框

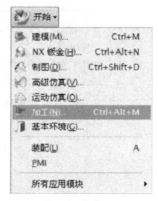

图 1-12　"加工"模块

用上述两种方法打开本书配套光盘中 renwu\ch01.prt 的零件文件，并进入加工环境。

1.4.2.2　设置加工环境

当一个零件首次进入加工模块时，系统会弹出如图 1-8 所示"加工环境"对话框，要求先进行初始化：在"CAM 会话设置"中选择"cam_general"普通模式，在"要创建的 CAM 设置"中指定加工模板零件为"mill_planar"，再单击"确定"按钮进入加工环境，使用该环境就可以创建平面铣操作。在以后的操作中，如果想要出现"加工环境"对话框，重新进行"CAM 设置"的选择，可以单击"工具"/"操作导航"/"删除设置"选项删除当前设置。

1.4.2.3　设置工件坐标系和几何体

单击操作导航工具条 "几何视图"图标，使"操作导航器"进入几何视图模式。双击操作导航器的 MCS_MILL "工作坐标系设置"图标，系统弹出"Mill Orient"对话框，如图 1-13 所示。为了实际加工时对刀方便，这里将机床坐标系选择在工件的上表面的中心位置，单击"指定 MCS"选项中的 图标，并选择工件上表面的中心位置为坐标原点（图 1-14）。

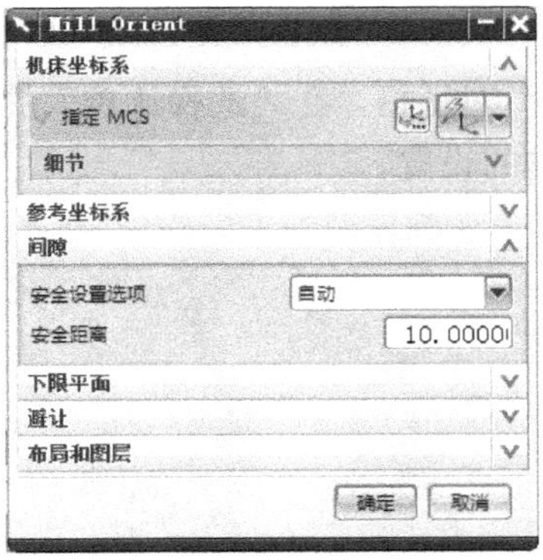

图 1-13　“Mill Orient”对话框

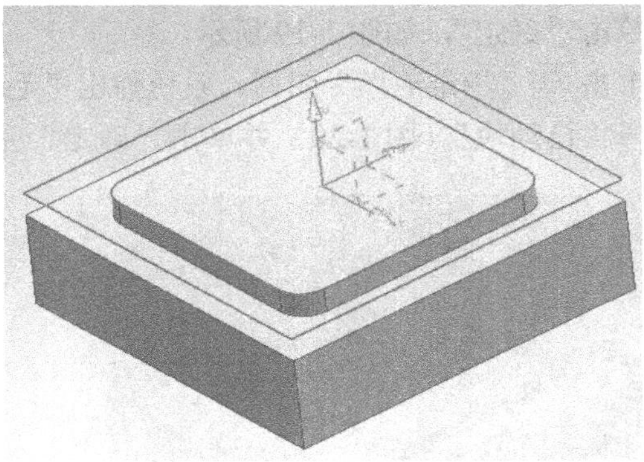

图 1-14　加工坐标系

单击“间隙”选项中的“安全设置选项”下拉对话框（图 1-15），选择“平面”选项并单击“指定平面”图标，系统弹出“平面构造器”对话框（图 1-16），因为工件的上表面中心就是工作坐标系，所以这里的平面默认 *XC-YC* 平面就可以了，只需将“偏置”里的数值设置为“10”，表示将工件加工时的安全平面设置在工件上表面 10 mm 的位置。单击“确定”完成工件坐标系的设置。

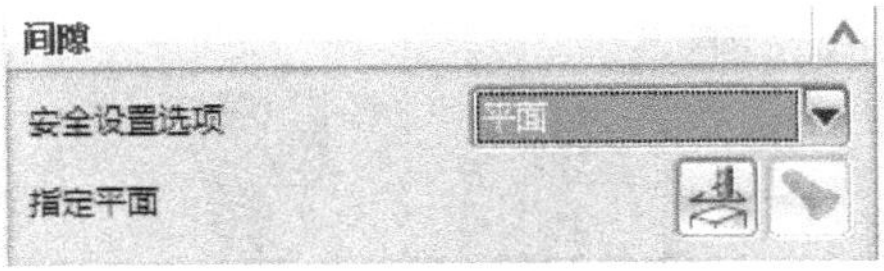

图 1-15　“间隙”对话框

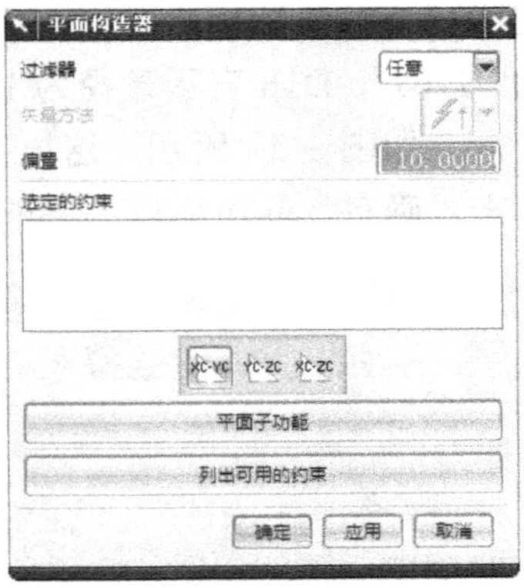

图 1-16　“平面构造器”对话框

双击操作导航器的 WORKPIECE 图标，系统弹出“铣削几何体”设置对话框，如图 1-17 所示。单击“指定部件”图标，系统弹出“部件几何体”对话框（图 1-18），用鼠标选择部

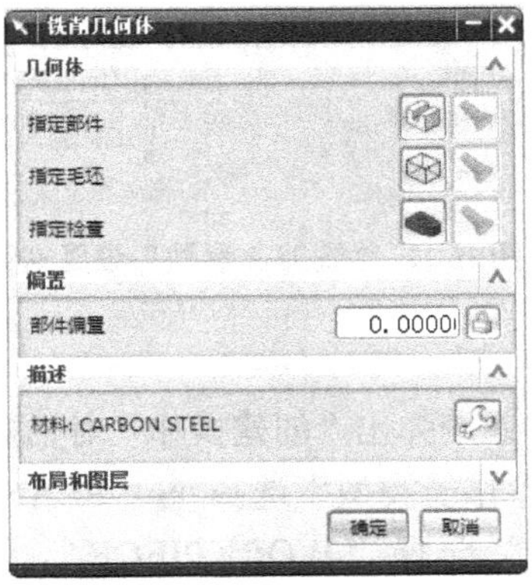

图 1-17　“铣削几何体”设置对话框

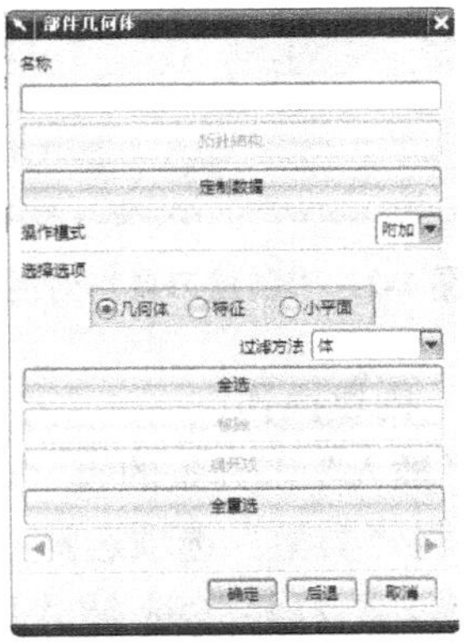

图 1-18　“部件几何体”对话框

件并单击"确定",如图 1-19 所示。

单击  "指定毛坯"图标,系统弹出"毛坯几何体"对话框,在"选择选项"的选项里面选择"自动块"(图 1-20)并单击"确定"完成几何体的设置。

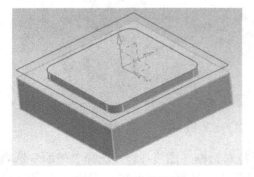

图 1-19 部件几何体

图 1-20 "选择选项"对话框

1.4.2.4 创建刀具

单击"插入"工具条的 "创建刀具"图标,系统弹出"创建刀具"对话框,如图 1-21 所示。其中"类型"选项选择"mill_planar","刀具子类型"选择 "立铣刀",将刀具名称设置为"D16",D16 表示直径为 16 mm 的立铣刀。单击"确定"系统弹出"铣刀-5 参数"设置对话框,如图 1-22 所示。这里只需将刀具直径设置为"16",其他的参数这里暂时不做考虑。单击"确定"即可完成刀具的设置。

图 1-21 "创建刀具"对话框

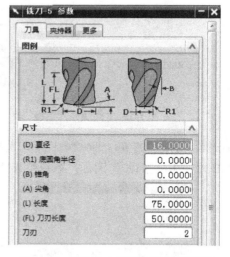

图 1-22 "铣刀-5 参数"设置对话框

1.4.2.5 创建操作

单击 "插入"工具条的 "创建操作"图标,系统弹出"创建操作"对话框,如图 1-23 所示。其中将"类型"选项选择"mill_planar","操作子类型"选择 "PLANAR_MILL"平面铣方式,"刀具"选择"D16","几何体"选择"WORKPIECE",名称设置为"PLANAR_MILL"也可以根据自己的习惯修改名称。单击"确定",系统进入"平面铣"操作对话框，如图 1-24 所示。

图 1-23 "创建操作"对话框

图 1-24 "平面铣"对话框

（1）平面铣的几何体设置。

单击"几何体"设置中的 "指定部件边界"图标，弹出"边界几何体"对话框，该选项是选择平面铣的加工轮廓边界，这里可以直接选择上表面，如图 1-25 所示，"材料侧"选择为"内部"表示工件切削后的保留部分在所选边界的内侧。也可以将"模式"设置为"曲线/边界"，通过鼠标逐个选择零件的边界，单击"确定"完成部件边界设置。

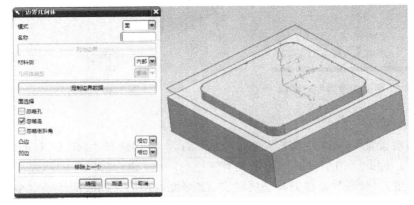

图 1-25 材料侧选择

单击"几何体"设置中的  "指定毛坯边界"图标，系统弹出"边界几何体"对话框，如图 1-26 所示。单击"模式"下拉框，选择"曲线/边界"选项，弹出"创建边界"对话框（图 1-27），通过鼠标依次选择毛坯的边界，如图 1-28 橙色线（外圈）所示。"材料侧"选择为"内部"表示在所选"毛坯边界"的内侧为要加工切除的部分，单击"确定"完成毛坯边界设置。

图 1-26 "边界几何体"对话框

图 1-27 "创建边界"对话框

图 1-28 毛坯边界

单击"几何体"设置中的 "指定底面"图标，弹出"平面构造器"对话框（图 1-29），该选项是设置平面铣时零件 Z 轴的最终切削深度位置，所以这里选择工件的台阶面位置（图 1-30）。单击"确定"完成底面设置。

图 1-29 "平面构造器"对话框

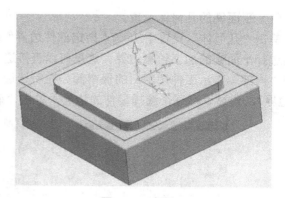

图 1-30 底面

（2）刀轨设置。

单击"刀轨设置"中的"方法"选项（图 1-31），这里选择"MILL_ROUGH"粗加工。由于是粗加工，因此"切削模式"选择 跟随部件 "跟随部件"的形式，即刀具路径与部件的轮廓一致。"步距"是指刀具切削时在 XY 平面内两刀之间的间距是多少，这里选择为刀具直径的 75%。

单击"刀轨设置"中的  "切削层"选项，系统弹出"切削深度参数"设置对话框，如图 1-32 所示。这里的切削深度是指加工时，Z 轴方向的每次下刀的深度，由于例题的零件较为简单，这里"类型"选择"固定深度"表示每次下刀深度是一致的。将"最大值"设置为"2"，表示每次下刀深度不超过 2 mm。单击"确定"完成"切削层"设置。

图 1-31　"刀轨设置"对话框

图 1-32　"切削深度参数"对话框

单击"刀轨"设置中的 "切削参数"选项，系统弹出"切削参数"设置对话框，如图 1-33 所示。该零件比较简单，只要设置"余量"选项，其他的选项选择默认的参数即可。单击"余量"，将"部件余量"设置为"0.3"，表示该零件粗加工结束后，零件侧面单边留有 0.3 mm 的余量，其他部分的余量设置为"0"，表示不留余量。单击"确定"完成"切削参数"设置。

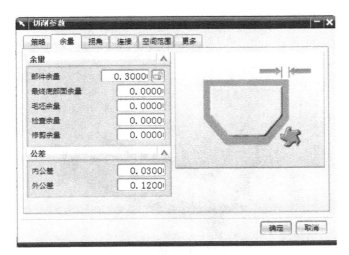

图 1-33　"切削参数"对话框

单击"刀轨"设置中的 "非切削移动"选项，系统弹出"非切削移动"设置对话框，如图 1-34 所示。单击"进刀"选项卡，由于该零件只切削零件的外轮廓部分，因此这里将"封闭区域"的"进刀类型"设置为"与开放区域相同"，将"开放区域"的"进刀类型"设置为"圆弧"，表示为采用圆弧切入的方式进刀。其他选项设为默认，单击"确定"完成"非切削移动"设置。

单击"刀轨"设置中的 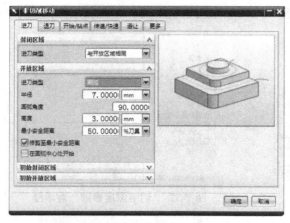 "进给和速度"选项，系统弹出"进给和速度"设置对话框，如图 1-35 所示。勾选"主轴速度"前面的选项框，并设置主轴速度为"500"，表示主轴转速为 500 r/min。将"进给率"选项的"剪切"设置为"200"，表示切削进给速度为 200 mm/min。单击"确定"按钮完成"进给和速度"选项设置。

图 1-34 "非切削移动"设置对话框

图 1-35 "进给和速度"设置对话框

（3）生成刀具路径。

单击"操作"选项中的 "生成"图标即可生成加工的刀具路径，如图 1-36 所示。

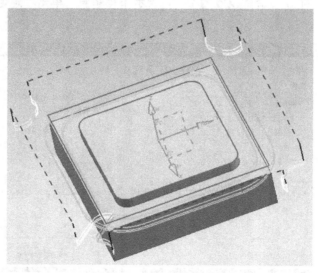

图 1-36 加工的刀具路径

1.4.2.6 2D 动态演示

在"平面铣"对话框的"操作"选项组中单击 按钮，弹出"刀轨可视化"对话框，如图 1-37 所示，选择"2D 动态"选项卡，单击 ▶ 按钮，完成模拟加工，如图 1-38 所示，单击"比较"可以将切削完成的零件模型和前面设置的"部件几何体"进行比较（如图 1-39 所示，白色部分表示未切削的余量），观察加工过程是否合理，如果存在问题，再进一步修改参数。

注意：如果刀轨已经生成，就要在"操作导航器"中选择刀轨，单击"确定刀轨"图标或单击右键，在快捷菜单中单击"刀轨"/"确认"选项，如图 1-40 所示，弹出"刀轨可视化"对话框。

图 1-37　"刀轨可视化"对话框

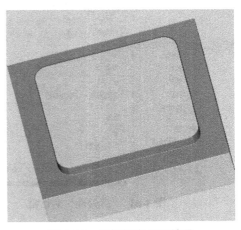

图 1-38　模拟仿真加工结果

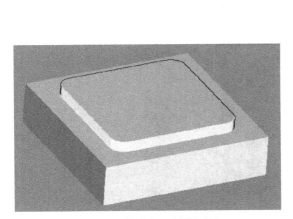

图 1-39　仿真加工结果对比

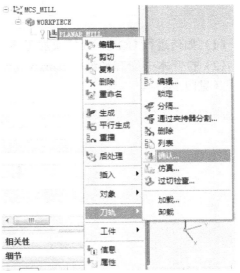

图 1-40　刀轨的确认

1.4.2.7　后处理

UG 软件的数控编程是以图像为基础的，因此编制好的加工操作，还需要转换成数控机床能够识别的数控加工程序代码。UG 软件把将刀路轨迹转换为数控代码的过程称为后处理。

在"操作导航器"中选择需进行后处理的操作，单击"后处理"图标，或单击右键，在快捷菜单中单击"刀轨"/"后处理"选项，弹出"后处理"对话框，对所用机床、文件存储位置、单位等内容进行设置，如图 1-41 所示，其中"后处理器"选项选择"MILL_3_AXIS"即"铣削 3 轴"机床，"单位"选择"公制/部件"。单击"确定"按钮，生成数控加工程序，如图 1-42 所示。

图 1-41　"后处理"对话框

图 1-42　数控加工程序

1.5　思考与练习

（1）如何进行 UG CAM 模块加工环境设置？

（2）打开本书配套光盘中 lianxi\1.prt 的练习文件，独立完成并掌握 UG CAM 加工操作流程（见图 1-43）。

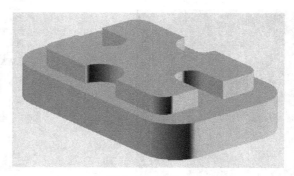

图 1-43　练习 1

模块二

UG NX 7 CAM 二维加工

项目 2　面铣削加工

╠══════════════╣ 教　学　目　标 ╠══════════════╣

知识目标
◇ 理解 UG 面铣削加工方法；
◇ 掌握面铣削加工方法的特点。

能力目标
◇ 能够正确创建面铣削加工方法；
◇ 能够恰当设置面铣削加工参数；
◇ 能正确执行 UG 后置处理。

2.1　项目任务

使用 UG 面铣削加工方法，完成如图 2-1 所示任务零件的上表面及台阶面（其余表面已加工）加工程序的编制。毛坯为 100 mm×80 mm×31 mm 的长方块，材料为 45 钢。

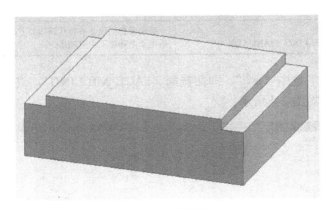

图 2-1　任务零件 2

2.2　相关知识

下面详细介绍面铣削加工相关参数。

如图 2-2 所示，在"插入"工具栏中单击 图标，系统将弹出"创建操作"对话框，在"类型"选项中，选择"mill_planar"，系统将在"创建操作"对话框内列出平面加工的相关类型，如图 2-3 所示。

图 2-3 "创建操作"对话框

图 2-2 插入工具栏

图 2-3 中，"操作子类型"选项中前面三种子类型是面铣削。面铣削各子类型的含义见表 2-1。

表 2-1 面铣削各子类型含义

类型按钮	名 称	说 明
	区域面铣削（FACE_MILLING_AREA）	以面定义切削区域的表面铣削，适用于半精加工和精加工
	面铣削（FACE_MILLING）	用于加工表面几何，适用于半精加工和精加工
	手动面铣削（FACE_MILLING_MANUAL）	手动面铣削包含所有几何体类型，其切削模式设为"混合"，适用于半精加工和精加工

单击"创建操作"选中" "，即面铣削（FACE_MILLING），进入面铣削加工方法之后，它的参数对话框如图 2-4 所示。

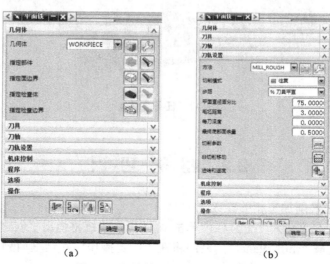

（a）　　　　　　　　　　　　（b）

图 2-4 面铣削加工方法参数对话框

面铣削对话框中需要设置的主要是"几何体"和"刀轨设置"两个菜单。

1）几何体

"几何体"菜单中各项含义见表 2-2。

表 2-2 "几何体"菜单中各项含义

类型按钮及名称	说 明
指定部件	指定表示成品的体。为使用过切检查，必须指定或继承实体部件几何体
指定面边界	仅对面铣削子类型可用；指定要加工的面；面边界包含封闭的边界，这些边界内部的材料指明了要加工的区域。可以选择以下任一项： 平的面，或平直的 B 曲面——当通过面创建面边界时，默认情况下所选面边界的相关联体将自动用作部件几何体，用于确定每层的切削区域； 面曲线和边； 点——连接起来可形成多边形。
	面边界的所有成员都具有相切的刀具位置。必须至少选择一个面边界才能生成刀轨。面边界平面的法向必须平行于刀轴。 注释： 要以选择面时的顺序切削这些面，请将区域排序选项设置为标准； 要继承多个操作的面，请在"铣边界"组中将它们指定为"毛坯边界"
指定切削区域	仅对区域面铣削和手动面铣削子类型可用，指定要加工部件的区域。 "切削区域"是"面几何体"的替代方法，用于定义要切削的面。 要使用"切削区域"，则不能选择"面几何体"或从 MILL_AREA 几何体组继承"面几何体"。 使用"切削区域几何体"，如果面几何体（毛坯边界）不足以定义部件体上的加工面时，希望使用"壁几何体"，例如，要加工的面具有需要唯一余量而非部件余量的精加工壁。 可以选择多个面，只有垂直于刀轴的平坦面才会被处理
指定壁几何体	仅对区域面铣削和手动面铣削子类型可用，选中自动壁复选框时不可用。 可以指定切削区域周围的壁面。 使用"壁余量"和"壁几何体"可替代与部件体上的加工面相关的壁的全局部件余量
自动壁	仅对区域面铣削和手动面铣削子类型可用。 自动选择与切削区域相邻的所有面

2）刀轨设置

（1）"切削模式"选项。

"切削模式"就是加工切削区域的走刀方式。"切削模式"选项中各项含义见表 2-3。

表 2-3 "切削模式"选项中各项含义

跟随部件	沿所有指定部件几何体的同心偏置切削。最外侧的边和所有内部岛及型腔用于计算刀轨，这就消除了岛清理刀路的必要性。保持顺铣（或逆铣），对于有岛的型腔区域，建议使用跟随部件切削模式

续表

跟随周边	沿部件或毛坯几何体定义的最外侧边缘偏置进行切削。内部岛和型腔需要岛清理或清理轮廓刀路。保持顺铣（或逆铣）
混合	只在面铣削的三种子类型中有效。在部件的不同面上指定不同的切削模式
轮廓	沿部件壁加工，由刀具侧创建精加工刀路。刀具跟随边界方向
标准驱动	沿指定边界创建轮廓铣切削，而不进行自动边界修剪或过切检查。可以指定刀轨是否允许自相交。此切削模式仅在平面铣中可用
摆线	使用摆线切削模式以限制多余步距以防刀具完全嵌入切削时刀具损坏，避免嵌入刀具。大部分切削模式在进刀过程中会在岛和部件之间以及较窄的区域生成嵌入区域。 对于摆线切削模式，向外和向内切削方向之间有着明显区别：向外方向通常从远离部件壁处开始，向部件壁方向行进，这是首选模式，它将圆形环和光顺的跟随运动有效地组合在一起；向内方向沿环中的部件切削，然后以光顺跟随周边模式切削向内刀路
单向	始终以一个方向切削。刀具在各切削结束处退刀，然后移动到下一切削刀路的起始位置。保持顺铣（或逆铣）

往复	以一系列相反方向的平行直线刀路加工，同时向一个方向步进。此切削模式允许刀具在步进过程中连续进刀
单向轮廓	以一个方向的切削进行加工。沿边界的轮廓加工移动被添加到线性刀路前面和后面。在刀路结束的地方，刀具退刀并在下一切削的轮廓加工移动开始的地方进刀。保持顺铣（或逆铣）

（2）"步距"选项。

使用步距指定相邻刀路之间的距离。可以直接通过输入一个常数值或刀具直径的百分比来指定该距离，也可以间接地通过输入残余高度并使系统计算切削刀路间的距离来指定该距离。"步距"选项中各项含义见表 2-4。

表 2-4　"步距"选项中各项含义

恒定	可以指定连续刀轨之间的最大距离。 可以按当前单位或当前刀具的百分比指定距离。 如果指定的刀路间距不能平均分割所在区域，软件将减小这一刀路间距以保持恒定步距
残余高度	可以指定连续刀轨之间的最大距离。 可以按当前单位或当前刀具的百分比指定距离。 如果指定的刀路间距不能平均分割所在区域，软件将减小这一刀路间距以保持恒定步距
%刀具平直	您可以指定连续刀路之间的固定距离作为有效刀具直径的百分比。 有效刀具直径是指实际上接触到腔体底部的刀具的直径。 对于球头铣刀，系统将其整个直径用作有效刀具直径。 对于圆角铣刀，有效刀具直径按刀具直径减去 2 倍的圆角半径计算。 如果刀路间距不能平均分割所在区域，软件将减小这一刀路间距以保持恒定步距

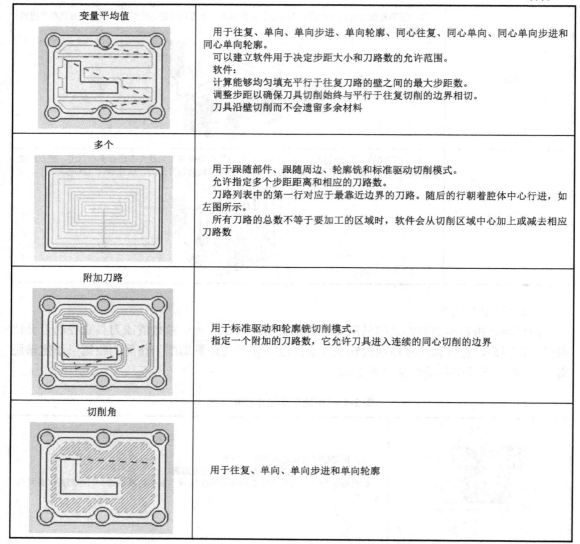

变量平均值	用于往复、单向、单向步进、单向轮廓、同心往复、同心单向、同心单向步进和同心单向轮廓。 可以建立软件用于决定步距大小和刀路数的允许范围。 软件： 计算能够均匀填充平行于往复刀路的壁之间的最大步距数。 调整步距以确保刀具切削始终与平行于往复切削的边界相切。 刀具沿壁切削而不会遗留多余材料
多个	用于跟随部件、跟随周边、轮廓铣和标准驱动切削模式。 允许指定多个步距离和相应的刀路数。 刀路列表中的第一行对应于最靠近边界的刀路。随后的行朝着腔体中心行进，如左图所示。 所有刀路的总数不等于要加工的区域时，软件会从切削区域中心加上或减去相应刀路数
附加刀路	用于标准驱动和轮廓铣切削模式。 指定一个附加的刀路数，它允许刀具进入连续的同心切削的边界
切削角	用于往复、单向、单向步进和单向轮廓

（3）"毛坯距离"参数。

"毛坯距离"是用来设定在切削区域表面的材料厚度，该距离值是沿刀轴方向、从切削区域或面边界所在面开始测量的。它定义了当前刀具需要切削的最大可能的材料厚度。

（4）"每刀深度"参数。

"每刀深度"用来设定每一个切削层的厚度（即当前刀具一层的切削深度）。在实际加工时，该参数应小于或等于当前刀具可允许切削的最大切深（一般认为刀具可允许切削的最大切深为刀具的半径）。系统将使用此参数均分由"毛坯距离"减去"最终底部面余量"所得的数值。若该数值为0，则只会产生一个切削层（即不管毛坯距离是多少都是一刀切除）。

（5）"最终底部面余量"参数。

"最终底部面余量"用来设定完成当前加工操作后留在切削区域表面的材料厚度。该参数不能大于"毛坯距离"值。

以上 3 个参数的作用就是用来定义面铣削加工的切削层,以根据不同要求实现分层加工。

(6)"切削参数"设定。

单击 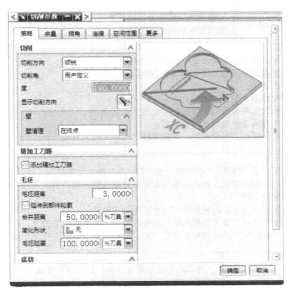 按钮,进入"切削参数"对话框,如图 2-5 所示。

图 2-5　"切削参数"对话框

使用"切削参数"选项是为了执行以下操作:

定义切削后在部件上保留多少余量;

提供对切削模式的额外控制,如切削方向和切削区域排序;

确定输入毛坯并指定毛坯距离;

添加并控制精加工刀路;

控制拐角的切削行为;

控制切削顺序并指定如何连接切削区域。

切削参数的内容非常多,本书只针对常用的参数进行说明。

①"策略"选项卡中各项含义及应用见表 2-5。

表 2-5　"策略"选项卡中各项含义及应用

切削:可用选项取决于操作类型和子类型设置		
切削方向	顺铣、逆铣与数控手工编程技术的含义相同	
切削顺序	对于平面铣、型腔铣和深度铣子类型可用。 指定如何处理具有多个区域的刀轨	
	层优先	切削最后深度之前在多个区域之间精加工各层。该选项可用于加工薄壁腔体
	深度优先	移动到下一区域之前切削单个区域的整个深度
切削角	对于单向、往复和单向轮廓切削模式可用。对于"面铣",切削角仅用于单向和往复切削模式。 在指定切削角时,该角是刀轨与 WCS(世界坐标系)的 XC 轴方向的夹角	
	自动	软件计算每个切削区域形状,并确定高效的切削角,以便在对区域进行切削时最小化内部进刀运动

切削角	指定	指定切削角的大小。切削角是刀轨与 WCS 的 XC-YC 平面中的 XC 轴测量的，之后会投影到底平面
	最长的线	建立与周边边界中最长的线段平行的切削角。如果周边边界不包含线段，则软件搜索最长的内部边界线段
☑岛清理		对跟随周边和轮廓铣切削模式可用。 在各岛周围添加完整的清理刀路以移除多余材料。 岛清理： 设计用于粗加工切削。 指定部件余量以防止粗加工过程中过切岛。 推荐用于跟随周边切削模式。 使用附加刀路选项时，对轮廓铣切削模式较为有用
壁清理		可用于"面铣""平面铣"和"型腔铣"操作中的单向、往复和跟随周边切削模式。 在各切削层插入最终轮廓铣刀路以移除保留在部件壁的凸部。壁清理刀路不同于轮廓铣刀路。 壁清理刀路： 用于粗加工，而轮廓铣刀路用于精加工移动。 使用部件余量，而轮廓铣刀路使用精加工余量以偏置刀轨。 在各切削层插入最终轮廓铣刀路，而轮廓铣刀路仅在底层切削
	无	并非总是移除所有材料，但是可以借助较少的进刀创建更短的刀轨
	在起点	沿部件壁生成额外的轮廓刀路，以便移除未切削的材料和重新切削某些外部跟随周边刀路
	在终点	可用于跟随周边切削模式。 使用轮廓铣刀路移除所有材料，而不重新切削材料
	自动	
	仅切削壁	可用于轮廓切削模式 将刀轨限制为仅壁
毛坯		
毛坯距离		可用于"型腔铣""平面铣"和"面铣"操作。 指定应用于部件边界或部件几何体以生成毛坯几何体的偏置距离。特定行为取决于操作。 对于"型腔铣"，毛坯距离应用于所有部件几何体。 对于"平面铣"，默认的毛坯距离应用于封闭部件边界。使用毛坯距离而不是毛坯边界来指定大于部件的恒定距离。在处理铸件或部件（要移除的材料具有恒定厚度）时，这是很有用的。 在面铣中，要加工的各个面沿刀轴按毛坯距离值偏置以创建毛坯。 使用带有最终底面余量的毛坯距离决定要移除的材料实际厚度
☑延伸到部件轮廓		可用于面铣。 将选定的一个或多个面延伸到部件轮廓 面未延伸　　　　　　　　　　面已延伸

合并距离	可用于面铣。 允许将两个或多个面合并到单个刀轨以减少进刀和退刀	
	有单独加工区域的小合并距离	有组合加工区域的较大合并距离

简化形状	可用于面铣操作。 将复杂的多侧切削区域几何体修改为简单的形状。 使用该选项，可为复杂的部件形状生成简单的刀轨，从而减少机床运动并缩短切削时间	
	无	未应用简化并且切削区域由要加工的面的原始轮廓决定
	凸包	用围绕要加工的整个面的简化形状包围切削区域
	最小 包围盒	用围绕要加工的整个面的最小包围盒形状包围切削区域

毛坯延展	可用于面铣操作。 指定刀具可超出面边缘的距离。 将毛坯延展设置为小于刀具直径的值会最小化空切削的时间	

底切	可用于面铣操作	
	防止底切	忽略底切几何体，这将导致处理竖直壁面时的公差更加宽松。 当希望出现以下情况时，清除此复选框： 加工位于部件边下面的面。 如果部件不具备成熟的底切区域，则加快处理时间。 将几何体导入"加工"时，帮助补偿平移或清理问题
	防止底切	标识底切几何体。 不想加工部件边下面的面时使用此选项。 提示：防止底切需要更多处理时间标识底切区域

②"余量"选项卡。

"余量"选项卡中的各种余量含义在旁边的图示中已经表示得非常清楚,在此不再介绍。

③"连接"选项卡中各项含义及应用见表2-6。

表2-6 "连接"选项卡各项含义及应用

切削顺序:对于平面铣、型腔铣和面铣可用			
	提供了几种自动和手工指定切削区域的加工顺序的方法		
区域排序		标准	确定切削区域的加工顺序。当使用"层优先"选项作为切削顺序来加工多个切削层时,处理器将针对每一层重复相同的加工顺序。 注释:对于平面铣操作,软件通常使用创建边界的顺序,但区域被拆分或合并时,顺序可能丢失,因此,使用该选项,切削区域的加工顺序将是任意和低效的
		优化	根据最有效加工时间设置加工切削区域的顺序。处理器确定的加工顺序可使刀具尽可能少地在区域之间来回移动,并且当从一个区域移到另一个区域时刀具的总移动距离最短。 使用切削顺序的层优先选项加工多个切削层时,处理器: 按优化功能确定的顺序加工第一切削层中的区域; 第二个切削层中的区域以相反的顺序进行加工,以此减少刀具在区域间的移动时间; 交替各切削层的切削顺序,直到所有切削层都加工完毕
		跟随起点	根据指定区域起点的顺序设置加工切削区域的顺序。这些点必须处于活动状态,以便区域排序能够使用这些点
		跟随预钻点	根据指定预钻进刀点的顺序设置加工切削区域的顺序。 跟随预钻点应用相同规则作为跟随起点。 注释:生成刀轨之前必须指定预钻进刀点
开放刀路:可用于平面铣和型腔铣中的跟随部件切削模式			
开放刀路	部件的偏置刀路与区域的毛坯部分相交时,形成开放刀路		
保持切削方向	指定移动开放刀路时保持切削方向		
变换切削方向	移动开放刀路时变换切削方向		
跨空区域:可用于平面铣、型腔铣中的单向、往复和单向轮廓切削模式以及面铣中的所有切削模式。 注释:为使软件识别空区域,该区域必须是完全封闭的腔体或孔			
运动类型	指定存在空区域时的刀具运动。(空区域为完全封闭的腔体或孔)		
		跟随	指定存在空区域时必须抬刀
		切削	指定以相同方向跨空切削时刀具保持切削进给率
		移刀	指定以相同方向跨空切削时刀具保持切削进给率。 注释:移刀选项可用于面铣,但只支持单向、往复和单向轮廓切削模式。如果与其他切削模式一起使用,移刀选项会在面铣的刀轨生成过程中产生出错消息
		最小移刀距离	在切削进给率处指定软件允许刀具空切的最长距离。如果最小移刀距离被超出,进给率将从切削进给率改为移刀进给率。 示例:移刀距离设置为 50 mm。刀具以设定的进给率切削,除非跨空长度超过50mm。如果跨空长度超过 50 mm,则刀具会从切削进给率改为移刀进给率

(7)"非切削移动"参数设定。

单击 按钮,进入"非切削移动"对话框,如图2-6所示。

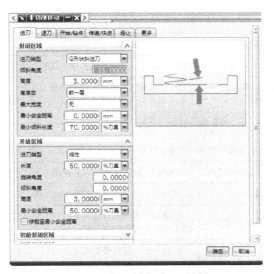

图 2-6　"非切削移动"对话框

非切削移动参数的内容非常多,本书只针对常用的参数进行说明。

①"进刀"选项卡中各项含义及应用见表 2-7。

表 2-7　"进刀"选项卡中各项含义及应用

封闭区域:是指刀具到达当前切削层之前必须切入部件材料中的区域		
进刀类型	与开放区域相同	处理封闭区域的方式与开放区域类似,且使用开放区域移动定义
	螺旋线	在第一个切削运动处创建无碰撞的、螺旋线形状的进刀移动。使用最小安全距离可避免使用部件和检查几何体。螺旋线尺寸从请求的尺寸降低到允许的最小尺寸。 如果在进刀时会过切部件,则不使用螺旋线移动。如果无法满足螺旋线移动的要求,则替换为具有相同参数的倾斜移动
	沿形状斜进刀	创建一个倾斜进刀移动,该进刀会沿第一个切削运动的形状移动。如果最小安全距离值大于 0,此形状可通过部件或检查偏置轮廓修改
	插削	直接从指定的高度进刀到部件内部。 注释:为避免碰撞,高度值必须大于面上的材料
	无	不输出任何进刀移动。软件消除了在刀轨起点的相应逼近移动,并消除了在刀轨终点的分离移动
倾斜角度		控制刀具切入材料的倾斜角度。倾斜角度是在垂直于部件表面的平面中测量的。该角度必须大于 0°且小于 90°。刀具从指定倾斜角度与最小安全距离几何体相交处开始倾斜移动。如果要切削的区域小于刀具半径,则不会发生倾斜 *B*　*A* 最小安全距离 *B* 和倾斜角度 *A*
高度		指定要在切削层的上方开始进刀的距离。 注释:为避免碰撞,高度值必须大于面上的材料
高度自		可用于型腔铣、平面铣、面铣和深度加工操作。 指定测量封闭区域进刀移动高度的位置

最大宽度	可以指定决定斜进刀总体尺寸的距离值	
最小安全距离	指定刀具可以逼近不要加工的部件区域的最近距离。还可以指定后备退刀倾斜离部件多远	
最小倾斜长度	控制自动斜削或螺旋进刀切削材料时刀具必须移动的最短距离。对于需要在前导和后置插入物间留有足够交叠部分进而防止未切削材料接触到刀具的非切削底部的插入式刀具，"最小倾斜长度"特别有用	
开放区域：刀具可悬空进入当前切削层的区域。 如果进刀移动处于最小安全距离偏置值范围内，则延续移动，以确保进刀位置与部件几何体的距离为最小安全距离		
进刀类型	与封闭区域相同	不尝试开放区域移动，且使用封闭区域默认值
	线性	在与第一个切削运动相同方向的指定距离处创建进刀移动
	线性-相对于切削	创建与刀轨相切（如果可行）的线性进刀移动。这与线性选项操作相同，除了旋转角度是始终相对于切削方向的
	圆弧	创建一个与切削移动的起点相切（如果可能）的圆弧进刀移动。 圆弧角度和圆弧半径将确定圆周移动的起点。如果有必要在距离部件指定的最小安全距离处开始进刀，则添加一个线性移动
	点	为线性进刀指定起点。 添加一个半径（A），以从线性进刀移动平滑过渡到部件材料上的切削移动
	线性 – 沿着矢量	指定进刀方向。使用矢量构造器可定义进刀方向
	角度 角度 平面	指定起始平面。使用旋转角度和倾斜角度定义进刀方向。平面将定义长度
	矢量平面	指定起始平面。使用矢量构造器可定义进刀方向。平面将定义长度
	无	不创建进刀移动。进刀移动（如果需要）直接与切削移动相连
长度	设置进刀的线性长度	
旋转角度	设置此值，以在与切削层相同的平面中以该角度进刀。如果旋转角度为正，则刀具始终远离部件或下一次切削。 注释：如果切削区域为封闭形状，则零值表示与该区域垂直，且该角度会使刀具回转朝向部件	
倾斜角度	设置此值以在切削层上方进刀 	

高度	指定要在切削层的上方开始进刀的距离。 注释：为避免碰撞，高度值必须大于面上的材料
最小安全距离	指定刀具可以逼近不要加工的部件区域的最近距离。还可以指定后备退刀倾斜离部件多远
☑修剪至最小 安全距离	将圆弧和线性进刀移动修剪到最小安全距离。限制总体进刀移动距离，同时仍确保该移动距离材料的距离为最小安全距离。 从圆弧进刀的中心向圆弧的起点添加一个移动
☑在圆弧中心 处开始	从圆弧进刀的起点将一个移动添加到圆弧的中心

②"开始/钻点"选项卡中各项含义及应用见表2-8。

表2-8 "开始/钻点"选项卡中各项含义及应用

重叠距离：指定切削结束点和起点的重叠深度	
重叠距离	重叠距离指定进刀和退刀移动之间的总体重叠距离。 此选项确保在发生进刀和退刀移动的点进行完全清理。刀轨在切削刀轨原始起点的两侧同等地重叠（下面的距离 *A*） 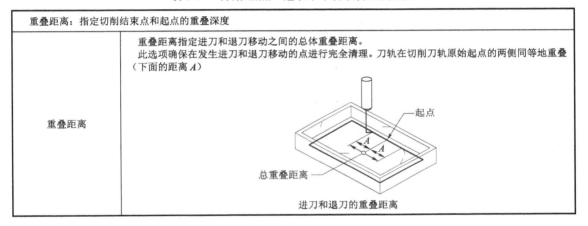 进刀和退刀的重叠距离

③"传递/快速"选项卡中各项含义及应用见表2-9。

表2-9 "传递/快速"选项卡中各项含义及应用

区域之间：控制添加以清除不同切削区域之间障碍的退刀、传递和进刀		
传递类型	指定要将刀具移动到的位置	
	间隙	所有移动都沿刀轴方向返回到安全平面
	前一平面	所有移动都返回到前一切削层，此层可以安全传刀以使刀具沿平面移动到新的切削区域。 如果连接当前刀位和下一进刀起点上面位置的传递移动无法安全进行，则该移动会受部件干扰，将使用前一安全层。如果没有任何前一层是安全的，则使用自动安全设置定义
	直接	在两个位置之间进行直接连接
	最小安全值 *Z*	首先应用直接移动。如果移动无过切，则使用前一安全深度加工平面
	毛坯平面	使刀具沿着由要移除的材料上层定义的平面传递。在平面铣中，毛坯平面是指定的部件边界和毛坯边界中最高的平面。在型腔铣中，毛坯平面是指定的切削层中最高的平面

（8）"进给和速度"参数设定。

单击 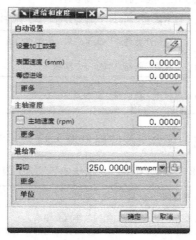 按钮，进入"进给和速度"对话框中，如图 2-7 所示。

图 2-7 "进给和速度"对话框

① "主轴速度"各参数及含义见表 2-10。

表 2-10 "主轴速度"各参数及含义

主轴速度（rpm）	指定以 r/min 为单位测量的刀具切削速度。 软件使用主轴速度计算表面速度和每齿进给。更改此值会重新计算其他参数。 提示：表面速度和主轴速度是指定刀具切削速度的不同方法
输出模式	rpm——以 r/min 为单位定义主轴速度。 sfm——以表面 ft/min（英尺①/分钟）为单位定义主轴速度。 smm——以表面 m/min 为单位定义主轴速度

② "进给率"各参数及含义见表 2-11。

表 2-11 "进给率"各参数及含义

剪切	设置刀具在切削工件时的进给速度
快速	设置从出发点到起点和从返回点到回零点的运动状态。快速进给率为零将导致后处理器输出机床相关的快速代码（如：G00）或机床最大进给率
逼近	"逼近"是刀具运动从"起点"到"进刀"位置的进给率。在使用多个层的"平面铣"和"型腔铣"操作中，使用"逼近"进给率可控制从一个层到下一个层的进给。零进给率可以使系统使用快速进给率
进刀	"进刀"是从"进刀"位置到初始切削位置的刀具运动进给率。当刀具抬起后返回工件时，此进给率也可用于返回进给率
第一刀切削	设置初始切削进给率
移刀	设置刀具从当前切削区域跨越至另一区域的移刀速度
退刀	设置从最终切削位置到退刀位置时的运动速度
离开	设置从退刀点到返回点位置时刀具的运动速度

---

① 1 英尺 = 0.304 8 米。

2.3 任 务 实 施

2.3.1 加工工艺分析

2.3.1.1 零件及加工方法分析

此任务为典型的平面零件的铣削加工，题目要求使用 UG 的面铣削加工方法。在此介绍平面零件典型的铣削加工方法之一——面铣削。

打开本书配套光盘中 renwu\ch02.prt 的任务零件文件，进入 UG 的加工模块，根据项目 1 的方法初始化 CAM 设置。

2.3.1.2 确定加工工艺方案

任务加工工艺见表 2-12。

表 2-12 数控加工工艺卡片

数控加工工艺卡片			产品名称	零件名称	材 料	零件图号	
					45 钢		
工序号	程序编号	夹具名称	夹具编号	使用设备		车 间	
		虎钳					
工步号	工 步 内 容		刀具类型	刀具直径 /mm	主轴转速 /(r·min⁻¹)	进给速度 /(mm·min⁻¹)	操作中刀具名称	操作名称
1	粗铣上表面和台阶面		立铣刀	$\phi 16$	400	100	D16	1
2	精铣上表面和台阶面		立铣刀	$\phi 16$	550	80	D16	2

2.3.2 面铣削加工方法创建

粗铣上表面和台阶面的加工按如下步骤进行。

1）创建加工坐标系及安全平面

进入"建模"模块中，在与部件零件不同图层的 2 层中建立 100 mm×80 mm×31 mm 的长方块毛坯，并绘制长方块的顶面对角线，如图 2-8 所示。

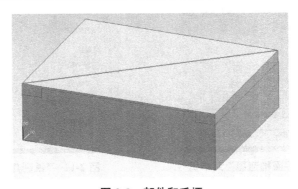

图 2-8 部件和毛坯

单击"开始"菜单，进入"加工"模块。将"操作导航器"切换至"几何视图"，双击

"坐标系"即MCS_MILL，弹出"Mill Orient"对话框，如图 2-9 所示。单击"CSYS 会话"，进入"CSYS"对话框，如图 2-10 所示。此时鼠标捕捉图 2-8 中的对角线中点，单击"确定"按钮，则设置好加工坐标系。

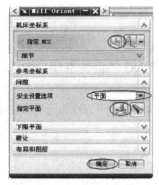

图 2-9 "Mill Orient"对话框

图 2-10 "CSYS"对话框

在"Mill Orient"对话框"间隙"下的"安全设置选项"中选择"平面"，单击"指定安全平面"即，随即弹出"平面构造器"对话框，如图 2-11 所示，选择零件最顶部的平面，然后在"偏置"处输入"3"，单击"确定"按钮，则设置好安全平面，最后单击"Mill Orient"对话框的"确定"按钮。

2）创建几何体

双击"WORKPIECE"即WORKPIECE，弹出"铣削几何体"对话框，如图 2-12 所示。单击"指定部件"，然后选定被加工的部件零件，单击"确定"按钮；单击"指定毛坯"，选择 1）中所建立的 100 mm×80 mm×31 mm 的长方块，单击"确定"按钮。注意："WORKPIECE"是否创建对产生的刀路轨迹（或者是生成的数控程序）是没有任何影响的。但是如果不设置 WORKPIECE 的部件和毛坯，在后面进行 UG 的模拟仿真加工时会因为没有部件和毛坯而产生报警，导致仿真加工无法进行。

图 2-11 "平面构造器"对话框

图 2-12 "铣削几何体"对话框

3）创建刀具

单击"创建刀具"即图标创建刀具，弹出"创建刀具"对话框，如图 2-13 所示。设置"类型"

为"mill_planar"、"刀具子类型"为"MILL"即 ，"名称"为"D16"，单击"确定"按钮，进入"铣刀参数"对话框，在"直径"处输入"16"，单击"确定"按钮即可，如图 2-14 所示。

图 2-13 "创建刀具"对话框

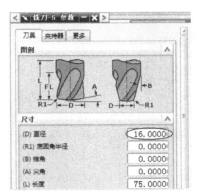

图 2-14 "铣刀参数"对话框

4）创建操作

单击"创建操作"即图标 ，在弹出的"创建操作"对话框中，"类型"设为"mill_planar"，"操作子类型"设为"FACE_MILLING"即 ，"刀具"选择"D16"，"几何体"选择"WORKPIECE"，"方法"选择"MILL_ROUGH"，"名称"改为"1"，如图 2-15 所示。

单击"确定"按钮，进入"平面铣"对话框，如图 2-16 所示。

图 2-15 "创建操作"对话框

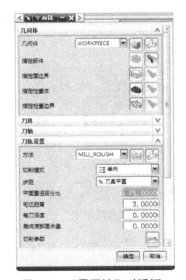

图 2-16 "平面铣"对话框

2.3.3 面铣削加工参数设置

2.3.3.1 "几何体"设定

在几何体设定中指定面边界。将工作层设置为加工部件所在的层，并设置毛坯所在图层为不可见。进入"平面铣"对话框，如图 2-16 所示。在"几何体"中单击图标 ，进入"指定面几何体"对话框，如图 2-17 所示。在"过滤器类型"处选择"面"，其他使用默认设置，选择如图 2-18 所示零件的上表面（面 1）和台阶面（面 2），单击"确定"按钮，完成面边界的设定。这之后 ✎ 图标被激活，单击 ✎ 图标即可显示刚刚选中的边界。

图 2-17 "指定面几何体"对话框

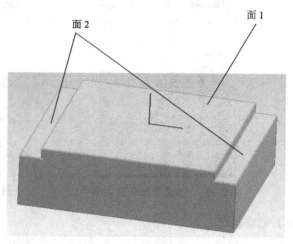

图 2-18 面边界所选面

2.3.3.2 "刀轨设置"参数设定

1）一般参数设定

在"方法"中选择"MILL_ROUGH"，"切削模式"选择"往复"，"步距"选择"%刀具平直"即刀具直径的百分比，在"平面直径百分比"处输入"75"，"毛坯距离"采用 UG 默认值，"每刀深度"输入"0"（当"每刀深度"设置为零时，不管"毛坯距离"是多少，在深度方向都是一刀切除。在此前提下"毛坯距离"输入多少都没有关系，但是 UG 不允许"毛坯距离"小于"最终底部面余量"，而本操作采用的是直径 16 mm 的立铣刀，所以深度方向可以一刀切）。"最终底部面余量"输入"0.5"，如图 2-19 所示。

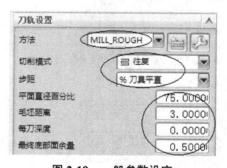

图 2-19 一般参数设定

2）"切削参数"设定

在"刀轨设置"下，单击"切削参数"即图标 ☑，弹出"切削参数"对话框，在"策略"选项卡中，"切削方向"设为"顺铣"，"切削角"设为"用户定义"，"度"输入"180"或"0"（此时走刀方向平行于 X 轴，但是 0 和 180 的切削起点不一样），也可以将"度"输为"90"或"270"（此时走刀方向平行于 Y 轴，但是 90 和 270 的切削起点也不一样），"壁清理"设为"在终点"，本选项卡中其他参数使用 UG 默认值，如图 2-20（a）所示。在"余量"选项卡中输入"部件余量"为"0.5"，"最终底部面余量"已经是"0.5"（和一般参数中"最终底部面余量"含义相同），其他余量为"0"。其他参数使用默认值，如图 2-20（b）所示。注意：在"余量"选项卡中如果只设置"壁余量"为"0.5"而不设置"部件余量"为"0.5"是达不到上表面、台阶面和台阶侧面都留有"0.5"余量的要求的。

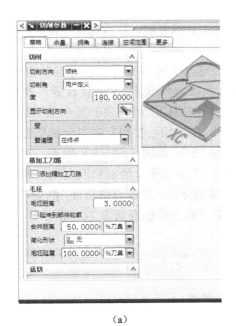 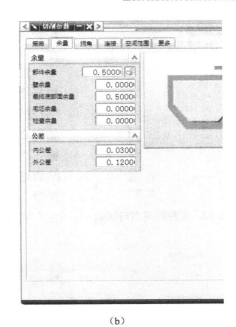

（a）　　　　　　　　　　　　　　　　（b）

图 2-20　"切削参数"对话框

3）"非切削移动"参数设定

本任务"非切削移动"参数可以完全按照 UG 的默认值设定。

4）"进给和速度"参数设定

单击"进给和速度"即图标⬚，弹出"进给和速度"对话框。按照表 2-12 所示，设置主轴转速和进给参数，单击"确定"按钮。单击"生成"即图标⬚，生成刀路轨迹，然后单击"确定"完成此操作，生成的刀路轨迹如图 2-21 所示。

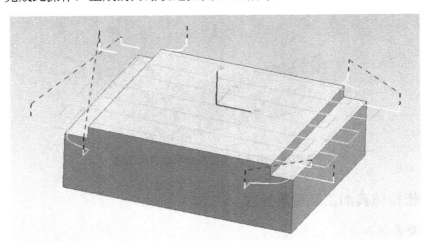

图 2-21　粗铣上表面和台阶面刀路轨迹

2.3.4　后续加工操作

接下来需要完成上表面和台阶面的精加工即工步 2 的内容。在"加工操作导航器"中，选

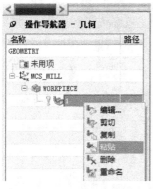

图 2-22　程序的复制与粘贴

择操作程序"1"，单击鼠标右键，依次选择"复制"和"粘贴"，如图 2-22 所示，并将操作程序名称改为"2"。

双击之前复制、粘贴的操作程序 2 或右键单击程序 2，选择"编辑"，进入参数编辑状态。"刀轨设置"参数下的"方法"改为"MILL_FINISH"，"最终底部面余量"改为"0"，如图 2-23（a）所示。在"切削参数"的"余量"选项卡中输入"部件余量"为"0"，如图 2-23（b）所示。对于"进给和速度"，按照表 2-12 中工步 2 所示修改主轴转速和进给参数。单击"生成"即图标，生成刀路轨迹，然后单击"确定"完成此操作，生成的刀路轨迹如图 2-24 所示。

（a）

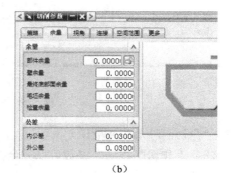

（b）

图 2-23　刀轨设置参数的编辑

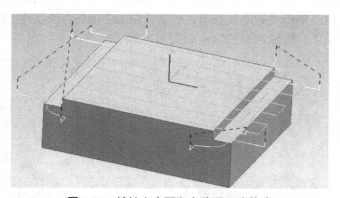

图 2-24　精铣上表面和台阶面刀路轨迹

2.3.5　模拟仿真加工及后置处理

1）模拟仿真加工

同时选中所做的 2 个操作，单击鼠标右键，执行"刀轨"→"确认"，如图 2-25 所示，进入实体模拟仿真加工。在弹出的"刀轨可视化"对话框中，选择"2D 动态"选项卡，单击"选项"按钮，进入"IPW 碰撞检查"对话框，勾选"碰撞时暂停"，然后单击"确定"。单击"播放"，如图 2-26 所示，仿真加工开始。得到如图 2-27 所示的仿真加工效果后，单击"刀轨可视化"对话框中的"比较"按钮，则可以清楚地看出结果零件跟部件之间的差别。

图 2-25　刀轨的确认

图 2-26　"刀轨可视化"对话框

图 2-27　模拟仿真加工结果

2）后置处理

后置处理简称为后处理，即将刀具轨迹通过相应的后处理器转化为机床能够识别的数控程序的过程。

UG 提供了三轴立式数控铣床（控制器类型为 FANUC）的后处理器，但是不能直接使用。如果直接使用，后处理之后的程序会有无法识别的指令、错误的指令，直接用于加工还会造成安全事故，损坏设备并危及人身安全。所以要想得到正确的数控程序，必须对三轴立式数控铣床（控制器类型为 FANUC）的后处理器文件进行修改。修改前保存 UG 文件并将其关闭。

找到 UG 的安装目录 C：\Program Files\UGS\NX 7.0\MACH\resource\postprocessor，使用记事本方式打开此目录下的 mill3ax.tcl 文件，如图 2-28 所示。

（1）查找 mom_sys_unit_code（IN）、mom_sys_unit_code（MM），将参数"70""71"改为"21"；

（2）查找 mom_kin_max_fpm，将参数"600"改为"3000"，查找 mom_kin_rapid_feed_rate，将参数"400"改为"4000"；

（3）查找 PB_CMD_start_of_alignment_character，将 mom_sys_leader（N）由"："设置成"N"；

（4）查找 mom_sys_helix_pitch_type，将参数"rise_radian"改为"none"；

（5）查找 mom_sys_end_of_program_code，将"2"改为"30"。

注意：修改前请备份。

(a)

(b)

图 2-28　mill3ax.tcl 所在位置及打开结果

图 2-29　"后处理"对话框

重新打开 UG 软件，并打开之前所做的结果文件。选中操作 1，单击鼠标右键，选择"后处理"或者单击要后处理的操作，然后进入"工具"菜单下"操作导航器"菜单中"输出"子菜单下的"NX Post 后处理"，弹出"后处理"对话框，如图 2-29 所示。

在图 2-29 所示的"后处理"对话框中"后处理器"选为"MILL_3_AXIS"，"单位"选择"公制/部件"，然后单击"确定"。在接下来弹出的对话框中仍然单击"确定"，如图 2-30 所示。之后就弹出了数控加工程序，如图 2-31 所示。根据需要进行简单的编辑，然后另存即可。

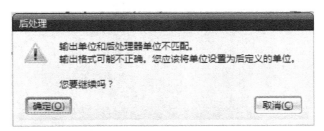

图 2-30　后处理时的警告对话框

i 信息

文件(F)　编辑(E)

```
信息清单创建者：        Administrator
日期                 ：2014/1/10 18:10:06
当前工作部件          ：E:\UGCAM\anli\mianxixue.prt
节点名               ：lenovodzh

%
N0010 G40 G17 G90 G21
N0020 G91 G28 Z0.0
n0030 T00 M06
N0040 G0 G90 X66. Y-36. 50 M03
N0050 G43 Z3. H00
N0060 Z-2.5
N0070 G1 Z-5.5 F250. M08
N0080 X58.
N0090 X48.5
N0100 Y-24.
N0110 X58.
N0120 Y-12.
N0130 X48.5
N0140 Y0.0
```

图 2-31　数控加工程序

2.4　项目总结

2.4.1　加工方法总结

面铣削加工是二维铣削零件加工的方法之一。通过本项目的学习，可以看出面铣削加工不是只能用于铣面，也可以用于铣台阶（即铣轮廓）。面铣削的面是广义的面，只要是平面这种方法都可以加工，不过根据零件的不同，这种方法不一定是最优的。在之后的项目中将进一步介绍二维零件的其他加工方法。

2.4.2　加工工艺总结

平面零件的加工工艺和数控手工编程技术中所讲述的工艺方法相同。只是要注意不同的参数对应实现的是哪一种工艺特点。

2.5　思考与练习

（1）本项目案例是如何实现走刀路线平行于 Y 轴的？在切削参数"策略"选项卡中"壁清理"选项为"无"时能实现上表面、台阶面和台阶侧面都留有余量吗？

（2）完成本书配套光盘中 lianxi\2.prt 的练习零件的上表面及两台阶面的加工，如图 2-32

所示。毛坯为 60 mm×40 mm×22 mm 的长方块，材料为 45 钢。

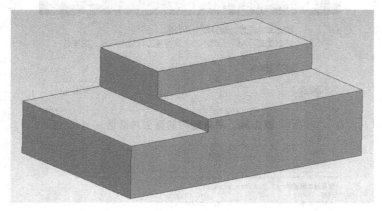

图 2-32　练习 2

项目 3　平面铣削加工

{ 教 学 目 标 }

知识目标
◇ 理解 UG 平面铣削加工方法；
◇ 掌握平面铣削加工方法的特点。

能力目标
◇ 能够正确创建平面铣削加工方法；
◇ 能正确选择平面铣的各种边界及底平面；
◇ 能够恰当设置平面铣削加工参数。

3.1　项 目 任 务

使用 UG 平面铣削加工方法，完成如图 3-1 所示任务零件的加工程序的编制。毛坯为 100 mm×100 mm×23 mm 的长方块，材料为 45 钢。

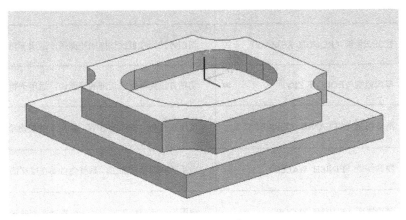

图 3-1　任务零件 3

3.2　相 关 知 识

下面详细介绍平面铣削加工相关参数。

如图 3-2 所示，在"插入"工具栏中单击 图标，系统将弹出"创建操作"对话框，在

"类型"选项中,选择"mill_planar",系统将在"创建操作"对话框内列出平面加工的相关类型,如图3-3所示。

如图3-3所示,前面三种子类型已经在项目2中做过介绍。在后面的操作子类型中,平面铣是通用的操作,其他子类型大都是平面铣中的某一种方式,主要是针对某些特定加工情况而单独列出的。下面简单介绍各种子类型的含义(表3-1)。

图3-3 "创建操作"对话框

图3-2 插入工具栏

表3-1 平面铣各子类型含义

类型按钮	名 称	说 明
	平面铣(PLANAR_MILL)	用平面边界定义切削区域,切削到底平面,适用于粗加工和精加工
	平面轮廓铣(PLANAR_PROFILE)	切削方法为轮廓铣削的平面铣,常用于铣削外轮廓和修边操作,适合于对侧壁轮廓的精加工
	跟随部件粗铣(ROUGH_FOLLOW)	切削方法为跟随部件切削的平面铣,适用于粗加工
	往复式粗铣(ROUGH_ZIGZAG)	切削方法为往复式切削的平面铣,适用于粗加工
	单向粗铣(ROUGH_ZIG)	切削方法为单向式切削的平面铣,适用于粗加工
	清理拐角(CLEANUP_CORNERS)	使用来自前一操作的IPW,常用于清理拐角
	精铣侧壁(FINISH_WALLS)	适用于对侧壁精加工,系统会自动在底平面设定余量
	精铣底面(FINISH_FLOOR)	适用于对底面精加工,系统会自动在侧壁设定余量
	螺纹铣削(THREAD_MILLING)	这是铣削螺纹的操作,适用于在底孔上铣螺纹
	文本铣削(PLANAR_TEXT)	用于文字的雕刻加工,适用于在平面上雕刻文字

单击"创建操作"选中"",即平面铣(PLANAR_MILL),进入平面铣加工方法之后,参数对话框如图3-4所示。

（a）

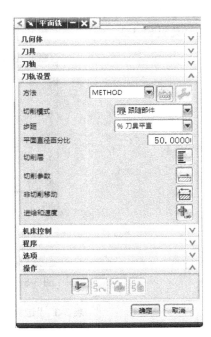
（b）

图 3-4　平面铣加工方法参数对话框

平面铣对话框中需要设置的主要是"几何体"和"刀轨设置"两个菜单。

1）"几何体"菜单

"几何体"菜单中各项含义见表 3-2。

表 3-2　"几何体"菜单中各项含义

类型按钮及名称	说　　明
指定部件边界	指定代表加工后的部件的几何体。 首选几何体选择为面，其他有效的几何体选择为：曲线、边、永久边界和点。 平面铣加工中此项必须指定
指定毛坯边界	指定代表要从中进行切削的材料的几何体，例如锻件或铸件。 首选几何体选择为面，其他有效的几何体选择为：曲线、边、永久边界和点。 平面铣加工中此项必须指定
指定检查边界	指定代表加工时要避开的夹具或其他区域的边界
指定修剪边界	指定边界以定义操作期间要从切削部分中排除的区域
指定底部面	使用平面构造器指定本操作加工的最低平面。 如果未指定"底部面"，系统将使用机床坐标系（MCS）的 X-Y 平面。 平面铣加工中此项必须指定

2）"边界几何体"对话框

单击 按钮，进入"边界几何体"对话框，如图 3-5 所示。单击"指定毛坯边界""指定检查边界"和"指定修剪边界"进入的都是"边界几何体"对话框。"边界几何体"对话框中各项含义见表3-3。

图3-5 "边界几何体"对话框

表3-3 "边界几何体"对话框中各项含义

模式（即选择定义边界的方法）	曲线/边	通过捕捉现有的曲线或边以实现边界的创建
	边界	允许选择现有的永久边界
	面	允许选择片体或实体的单个平的面，这通常是最简单的方法。内部边是由忽略孔和忽略岛选项决定的
	点	允许通过一系列已定义的点创建封闭边界
列出边界		用于列出先前创建的边界的名称
材料侧		指定部件或余量材料位于边界的哪一侧
修剪侧		指定未生成刀轨的一侧
几何体类型		显示正创建的边界类型（部件、毛坯、检查、修剪）
定制边界数据		设置与选定边界相关联的"公差""侧面余量""毛坯距离"和"切削进给率"值
移除上一个		移除（即去除）先前定义的边界

对话框中"面选择"选项中各项具体含义见表3-4。

表3-4 "面选择"选项中各项含义

选项	说　　明
☐ 忽略孔	在所选面上围绕每个孔创建边界

选项	说　明
☑ 忽略孔	忽略所选面上的孔 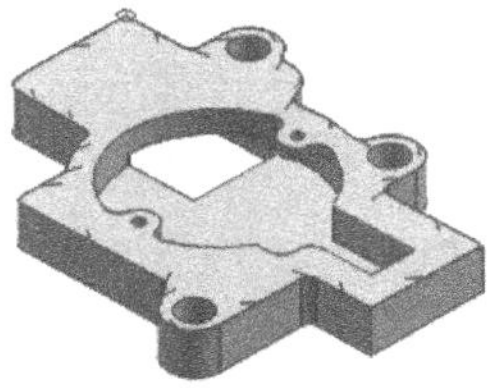
☐ 忽略岛	在所选面上围绕每个岛创建边界 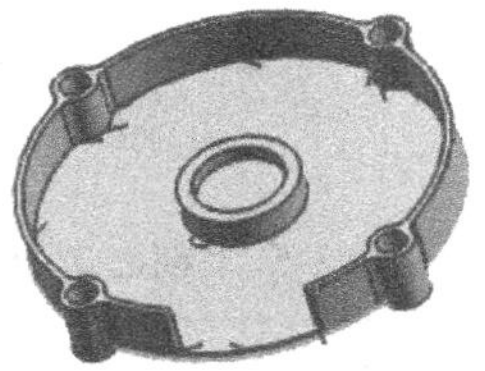
☑ 忽略岛	忽略所选面上的岛 
☐ 忽略倒斜角	在所选面的边上创建边界 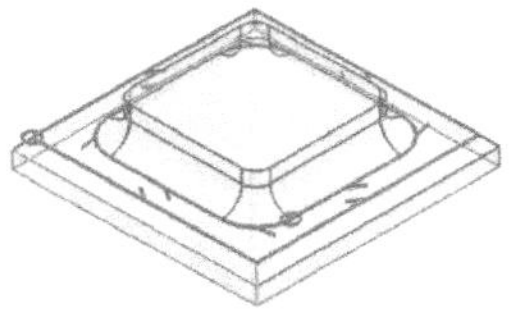
☑ 忽略倒斜角	创建将要延伸包含与选定面相邻的倒斜角、圆角和倒圆角的边界 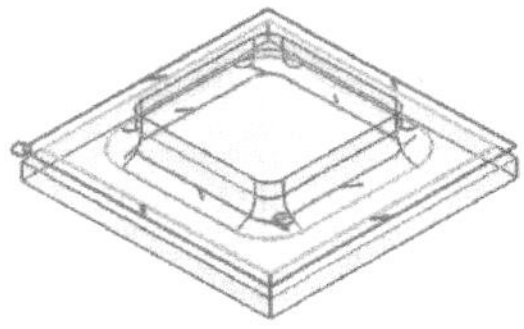
凸边、凹边	控制沿着选定面的凸边和凹边出现的边界成员的刀具位置。相切是凸边的默认设置，开是凹边的默认设置

3）"创建边界"对话框

将"边界几何体"对话框中的"模式"设置为"曲线/边"或"点"时，就会显示"创建边界"对话框，如图 3-6 所示。"创建边界"对话框中各项含义见表 3-5。

（a）　　　　　　　　　　（b）

图 3-6　"创建边界"对话框

（a）曲线/边模式；（b）点模式

表 3-5　"创建边界"对话框中各项含义

类型（仅曲线/边模式）	将边界指定为开放或封闭
点方法（仅点模式）	选择定义点的方法（如面上的点）来通过一系列已定义的点创建边界。定义边界方向和起点与定义一系列点和选择一系列曲线采用同样的方法。 点方法总是创建封闭边界，并且无法将其编辑为开放边界
平面	指定如何定义边界平面。该边界平面是选定几何体将投影到其上且将在其上创建边界的平面。二维加工通常选择"自动"

平面	自动	从选定的前两个曲线/边或前三个点创建边界平面。如果无法使用选定的曲线、边或点定义平面，则可在 XC-YC 平面上创建边界平面。 在选择平行于 XC-YC 平面的平面曲线来确定 ZC 层时，"自动"非常有用 由选定边定义的边界平面
	用户定义	"用户定义"允许使用"平面子功能"定义边界平面。 使用此选项来从轮廓 3D 曲线或边定义边界平面 投影到边界平面的非平面边

续表

材料侧	指定边界哪一侧的材料将被移除或保留
刀具位置	确定刀具在逼近边界成员时将如何放置（"对中""相切""接触"）
定制成员数据	为单个边界成员设置公差、侧面余量和切削进给率值
成链	自动选择连续的一系列曲线和边。 选择一个起始成员，必要时选择一个终止成员。所有连续成员都被选择用来创建边界几何体。 如果要将所有的边连成一个连续的环，请在选择第一条边后选择"确定"。 注释： 在何处选择相对其中心控制点的实体，这个位置就决定了成链序列的方向和边界指示器  选择到中心控制点左边　　　选择到中心控制点右边
移除上一个成员	删除所创建的上一个边界成员
创建下一个边界	完成当前边界的创建并立即开始创建下一个临时边界

4）"编辑边界"对话框

当选定部件边界之后重新单击 按钮，就进入到"编辑边界"对话框，如图 3-7 所示。对于其他边界也是一样。"编辑边界"对话框中各项含义见表 3-6。

图 3-7 "编辑边界"对话框

表 3-6 "编辑边界"对话框中各项含义

选项	说　　明
类型（仅曲线/边模式）	可将边界从开放更改为封闭或反之，并显示状态
平面	同"创建边界"对话框中的"平面"选项
材料侧	指定边界哪一侧的材料将被移除或保留

续表

选项	说　明
几何体类型	显示在创建的边界类型（部件、毛坯、检查、修剪）
填充边界平面	允许将边界移动到不同的边界平面
定制边界数据	设置与选定边界相关联的"公差""侧面余量""毛坯距离"和"切削进给率"值
创建永久边界	从选择的边界创建永久边界
编辑	允许修改所选边界的单个成员。 使用编辑成员可更改单个边界成员的参数。该选项允许编辑单个边界成员以更改以下参数：刀位、公差、余量值、进给率、后处理命令。请注意，也可以选择永久边界成员进行编辑
移除	通过菜单下方向左、向右的图标（◀▶）选择相应的边界，并将其删除。此方法可实现"边界几何体"对话框中"忽略孔"和"忽略岛"效果
附加	添加新的边界
全重选	删除所有边界

5）边界起点

图 3-8 所示为创建边界的起点，而边界的起点就是加工刀路的切入点，在"编辑边界"对话框中单击"编辑"按钮，进入如图 3-9 所示的"修改边界起点"对话框即可修改边界起点，通过改变百分比或是距离就可以调整起点的位置。

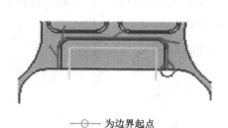

——⊖—— 为边界起点

图 3-8　边界起点

图 3-9　"修改边界起点"对话框

6）切削层

在"刀轨设置"参数中，单击"切削层"即图标▤，进入平面铣"切削深度参数"对话框，如图 3-10 所示。"切削深度参数"对话框中各项含义见表 3-7。

图 3-10　"切削深度参数"对话框

表 3-7　"切削深度参数"对话框中各项含义

选项		含　义
用户定义		可以输入切削深度的参数
	最大值	最大值为在初始层之后且在最终层之前的每个切削层定义允许的最大切削深度
	最小值	最小值为在初始层之后且在最终层之前的每个切削层定义允许的最小切削深度
	初始	为第一个切削层定义切削深度。此值从毛坯边界面（如果尚未定义毛坯边界，则从部件的最高边界面）测量，它与最大值和最小值无关。 初始主要是为了考虑到加工工艺的需要，使第一刀加工的深度尽量较小
	最终	为最后一个切削层定义切削深度。此值从底平面测量。 最终也可以视为在底部面之上留较小的量用于底面精修，当有两个或者两个以上深度不同的底面时，只会精修所指定的底部面。 如果最终大于 0.000，则系统至少生成两个切削层：一个在底平面上方最终距离处，另一个在底平面上。最大值必须大于零以便生成多个切削层
仅底部面		只能在底部面层创建刀轨，即刀具直接下到底部面进行切削
底部面和岛的顶面		在底部面和岛屿的顶面创建切削层，岛屿顶面的切削层不会超出创建的岛屿边界
岛顶部的层		在岛屿的顶面创建一个平面切削层。它与"底部面和岛的顶面"的区别在于所生成的切削层的刀轨将完全切除岛屿顶面切削层上的所有毛坯材料
固定深度		以设定的固定值进行切削
侧面余量增量		可以在各切削层添加额外的余量
岛顶层切削		可以在处理器不能通过切削层进行初始清理的每个岛的顶部生成一个单独的刀轨

3.3　任 务 实 施

3.3.1　加工工艺分析

3.3.1.1　零件及加工方法分析

此任务为典型的二维平面零件的铣削加工，用项目 2 的面铣削也可以完成此零件的加工。在此要介绍另一种二维平面零件典型的铣削加工方法——平面铣。

在加工之前，需要分析部件零件的凹圆弧半径大小，以确定加工所需刀具的直径。

打开本书配套光盘中 renwu\ch03.prt 的任务零件文件，进入 UG 的加工模块，根据项目 2 的方法初始化 CAM 设置。执行"分析"→"NC 助理"，弹出"NC 助理"对话框，将"分析类型"改为"拐角半径"，然后框选整个被加工部件，单击"NC 助理"对话框中的应用，则出现"信息"对话框。通过部件拐角颜色和"信息"对话框中的信息，得出零件外轮廓的圆角半径为"15"，内腔的圆角半径分别为"15"和"25"，如图 3-11 所示。确定加工该零件所选最小刀具的直径为 30 mm。

3.3.1.2　确定加工工艺方案

任务加工工艺见表 3-8。

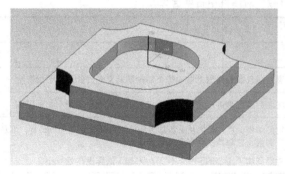 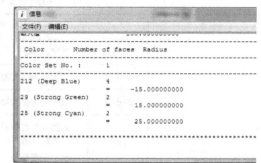

图 3-11　圆角半径分析

表 3-8　数控加工工艺卡片

数控加工工艺卡片			产品名称	零件名称	材　料	零件图号	
					45 钢		
工序号	程序编号	夹具名称	夹具编号	使用设备		车　间	
		虎钳					
工步号	工　步　内　容	刀具类型	刀具直径 /mm	主轴转速 / (r·min⁻¹)	进给速度 / (mm·min⁻¹)	操作中刀具名称	操作名称
1	外轮廓粗加工	立铣刀	$\phi16$	400	100	D16	1
2	外轮廓精加工	立铣刀	$\phi16$	550	80	D16	2
3	型腔粗加工	立铣刀	$\phi12$	550	100	D12	3
4	型腔精加工	立铣刀	$\phi12$	700	80	D12	4

3.3.2　平面铣削加工方法创建

外轮廓粗加工步骤如下。

1）创建加工坐标系及安全平面

进入"建模"模块中，在与部件零件不同图层的 2 层中建立 100 mm×100 mm×23 mm 的长方块毛坯，并绘制长方块的顶面对角线，如图 3-12 所示。

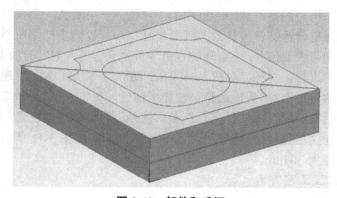

图 3-12　部件和毛坯

单击"开始"菜单，进入"加工"模块。将"操作导航器"切换至"几何视图"，双击"坐标系"即 MCS_MILL，弹出"Mill Orient"对话框，如图3-13所示。单击"CSYS会话"，进入"CSYS"对话框，如图3-14所示。此时鼠标捕捉图3-12中的对角线中点，单击"确定"，则设置好加工坐标系。

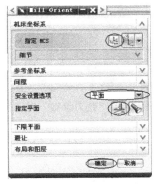
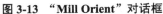

图 3-13　"Mill Orient"对话框　　　　图 3-14　"CSYS"对话框

在"Mill Orient"对话框"间隙"下的"安全设置选项"中选择"平面"，单击"指定安全平面"即 ，随即弹出"平面构造器"对话框，如图3-15所示。选择零件最顶部的平面，然后在"偏置"处输入"3"，单击"确定"，则设置好安全平面。最后单击"Mill Orient"对话框的"确定"按钮。

2）创建几何体

双击"WORKPIECE"即 WORKPIECE，弹出"铣削几何体"对话框，如图3-16所示。单击"指定部件"，然后选定被加工的部件零件，单击"确定"；单击"指定毛坯"，选择 1）中所建立的 100 mm×100 mm×23 mm 的长方块，单击"确定"。

图 3-15　"平面构造器"对话框　　　　图 3-16　"铣削几何体"对话框

3）创建刀具

单击"创建刀具"即图标 ，弹出"创建刀具"对话框，如图3-17所示。设置"类型"为"mill_planar"、"刀具子类型"为"MILL"即 、"名称"为"D16"。单击"确定"，进入"铣刀参数"对话框，在"直径"处输入"16"，单击"确定"即可，如图3-18所示。

图 3-17 "创建刀具"对话框

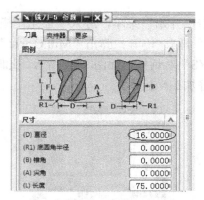

图 3-18 "铣刀参数"对话框

以同样的方法创建立铣刀 D12。

4）创建操作

单击"创建操作"即图标 ，在弹出的"创建操作"对话框中，"类型"设为"mill_planar"，"操作子类型"设为"PLANAR_MILL"即 ，"刀具"选择"D16"，"几何体"选择"WORKPIECE"，"方法"选择"MILL_ROUGH"，"名称"改为"1"，如图 3-19 所示。单击"确定"按钮，进入"平面铣"对话框，如图 3-20 所示。

图 3-19 "创建操作"对话框

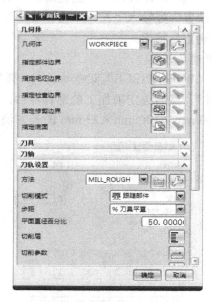

图 3-20 "平面铣"对话框

3.3.3 平面铣削加工参数设置

3.3.3.1 "几何体"设定

1）指定部件边界

将工作层设置为加工部件所在的层，并设置毛坯所在图层为不可见。进入"平面铣"对话框，如图 3-20 所示。在"几何体"中单击图标 ，进入"边界几何体"对话框，在"模式"处选择"面",勾选"忽略孔"前的方框,"忽略岛"前的勾可勾也可不勾(勾与不勾效果相同),如图 3-21 所示。选择如图 3-22 所示零件的上顶面(面 1)和台阶面(面 2),单击"确定",则完成部件边界的设定。这之后![icon]图标被激活,单击![icon]图标即可显示刚刚选中的边界。

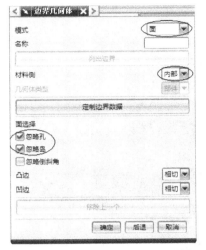

图 3-21　部件"边界几何体"对话框

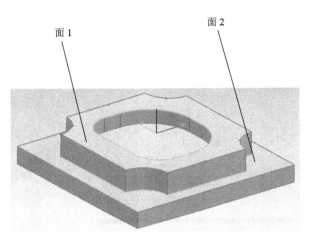

图 3-22　部件边界所选面

2)指定毛坯边界

将毛坯零件所在的图层设置为可见。在"几何体"中单击图标![icon],进入"边界几何体"对话框,在"模式"处选择"面",去除"忽略孔"前的勾,"忽略岛"前的勾可勾也可不勾(勾与不勾效果相同),如图 3-23 所示。选择如图 3-24 所示零件的上顶面(面 3),单击"确定",则完成毛坯边界的设定,并设置毛坯所在图层为不可见。这之后![icon]图标被激活,单击![icon]图标即可显示刚刚选中的边界。

图 3-23　毛坯"边界几何体"对话框

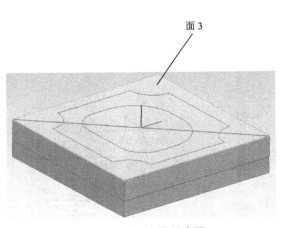

图 3-24　毛坯边界所选面

3）指定底面

在"几何体"中单击图标⬛，进入"平面构造器"对话框，在"过滤器"处选择"任意"或者"面"，在"偏置"处输入"0"，如图 3-25 所示。选择如图 3-26 所示零件的台阶面（面2），单击"确定"，则完成底面的设定。这之后 ⬛ 图标被激活，单击 ⬛ 图标即可显示刚刚选中的底面。

图 3-25　"平面构造器"对话框

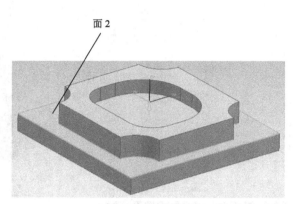

面 2

图 3-26　底面所选面

3.3.3.2　"刀轨设置"参数设定

1）一般参数设定

在"方法"中选择"MILL_ROUGH"，"切削模式"选择"跟随部件"，"步距"选择"%刀具平直"即刀具直径的百分比，在"平面直径百分比"处输入"75"，如图 3-27 所示。

2）"切削层"设定

单击"切削层"即图标 ▤，在弹出的"切削深度参数"对话框中，"类型"选择"用户定义"，在"最大值"处输入"8"（一次最大切深≤刀具的半径），在"最终"处输入"0.5"（为了底面精修），其他参数使用默认值即可，如图 3-28 所示。

图 3-27　一般参数设定

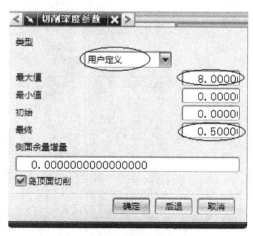

图 3-28　切削层参数设定

3）"切削参数"设定

在"刀轨设置"下，单击"切削参数"即图标，弹出"切削参数"对话框，在"策略"选项卡中，"切削方向"设为"顺铣"，"切削顺序"设为"层优先"或"深度优先"都可以（对于外轮廓加工两者效果相同）。在"余量"选项卡中输入"部件余量"为"0.5"，其他余量为"0"。在"连接"选项卡中，"区域排序"设为"标准"，"开放刀路"设为"变换切削方向"，其他参数使用默认值，如图 3-29 所示。

（a）

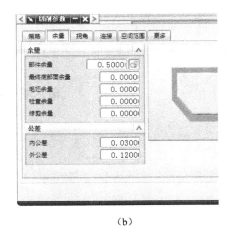

（b）

（c）

图 3-29　"切削参数"对话框

4）"非切削移动"参数设定

在"刀轨设置"下，单击"非切削移动"即图标，弹出"非切削移动"对话框。在"进刀"选项卡中，只需要设置"开放区域"，因为加工外轮廓本身就是开放的区域；"进刀类型"设为"圆弧"。在"开始/钻点"选项卡中，"重叠距离"设为"3"，如图 3-30 所示。

5）"进给和速度"参数设定

单击"进给和速度"即图标，弹出"进给和速度"对话框。按照表 3-8 所示，设置主轴转速和进给参数，单击"确定"按钮。单击"生成"即图标，生成刀路轨迹，然后单击"确定"完成此操作，生成的刀路轨迹如图 3-31 所示。

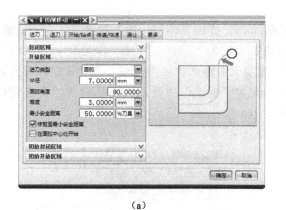 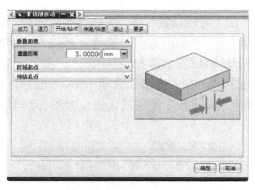

（a）　　　　　　　　　　　　　　　（b）

图 3-30　"非切削移动"对话框

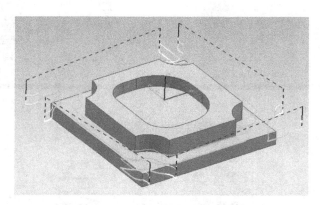

图 3-31　外轮廓粗加工刀路轨迹

3.3.4　后续加工操作

3.3.4.1　外轮廓精加工

接下来需要完成外轮廓精加工即工步 2 的内容。在"加工操作导航器"中，选择操作程序"1"，单击鼠标右键，依次选择"复制"和"粘贴"，如图 3-32 所示，并将操作程序名称改为"2"。

双击之前复制、粘贴的操作程序 2 或右键单击程序 2，选择"编辑"，进入参数编辑状态。"刀轨设置"参数下的"方法"改为"MILL_FINISH"，"切削模式"改为"轮廓"，如图 3-33（a）所示。"切削层"中"最终"改为"0"，如图 3-33（b）所示。在"切削参数"的"余量"选项卡中输入"部件余量"为"0"，"进给和速度"按照表 3-8 中工步 2 所示，修改主轴转速和进给参数。单击"生成"即图标，生成刀路轨迹，然后单击"确定"完成此操作，生成的刀路轨迹如图 3-34 所示。

图 3-32　程序的复制与粘贴

（a）

（b）

图 3-33 刀轨设置参数的编辑

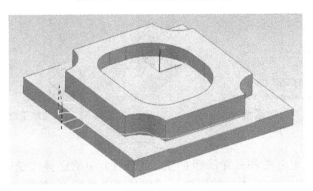

图 3-34 外轮廓精加工刀路轨迹

3.3.4.2 型腔粗加工

单击"创建操作"即图标 创建操作，在弹出的"创建操作"对话框中，"类型"设为"mill_planar"，"操作子类型"设为"PLANAR_MILL"即 也，"刀具"选择"D12"，"几何体"选择"WORKPIECE"，"方法"选择"MILL_ROUGH"，"名称"改为"3"，单击"确定"按钮，进入"平面铣"对话框。

1）指定部件边界

单击"指定部件边界"按钮，选择如图 3-35 所示的上顶面（面 1）和型腔下底面（面 4），单击"确定"按钮，进入"平面铣"对话框。

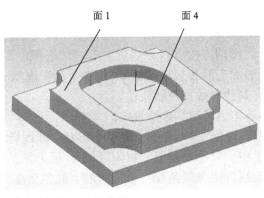
面 1　　　面 4

图 3-35 型腔铣部件边界所选面

再次单击  按钮，进入"编辑边界"对话框。单击 ▶ 按钮（即下一个），选中外轮廓边界，单击"移除"，如图 3-36 所示。至此，型腔加工的部件边界才算选择完成。单击 图标即可显示型腔加工的部件边界，如图 3-37 所示。

图 3-36 "编辑边界"对话框   图 3-37 型腔加工部件边界

2）指定毛坯边界

"毛坯边界"的选定方法和外轮廓粗加工（工步1）中的选择方法完全相同。也可只选择上顶面的外轮廓作为型腔加工的毛坯边界，即打开"忽略孔"，然后选择上顶面。

3）指定底面

"指定底面"则选择型腔的内底面，即图 3-35 中的面 4。

4）参数设置

（1）一般参数设定。

"刀轨设置"参数中，"方法"选择"MILL_ROUGH"，"切削模式"选择"跟随部件"，"步距"选择"%刀具平直"即刀具直径的百分比，在"平面直径百分比"处输入"75"。

（2）"切削层"设定。

单击"切削层"即图标 ，在弹出的"切削深度参数"对话框中，"类型"选择"用户定义"，在"最大值"处输入"6"（一次最大切深≤刀具的半径），在"最终"处输入"0.5"（为了底面精修），其他参数使用默认值即可。

（3）"切削参数"设定。

在"刀轨设置"下，单击"切削参数"即图标 ，弹出"切削参数"对话框，在"策略"选项卡中，"切削方向"设为"顺铣"，"切削顺序"设为"层优先"或"深度优先"都可以（对于外轮廓加工两者效果相同）。在"余量"选项卡中输入"部件余量"为"0.5"，其他余量为"0"，其他参数使用默认值即可。

（4）"非切削移动"参数设定。

在"刀轨设置"下，单击"非切削移动"即图标 ，弹出"非切削移动"对话框，在"进刀"选项卡中，只需要设置"封闭区域"，因为加工型腔本身就是封闭的区域；"进刀类型"设为"螺旋线"；"倾斜角度"设为"8"（倾斜角度太大不利于立铣刀螺旋下刀）。在"开始/钻点"选项卡中，"重叠距离"设为"3"。其他参数使用默认值即可。

（5）"进给和速度"参数设定。

单击"进给和速度"即图标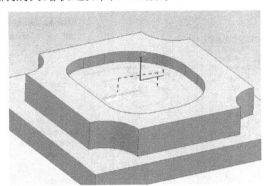，弹出"进给和速度"对话框。按照表 3-8 所示，设置主轴转速和进给参数，单击"确定"按钮。单击"生成"即图标，生成刀路轨迹，然后单击"确定"完成此操作，生成的刀路轨迹如图 3-38 所示。

图 3-38　型腔粗加工刀路轨迹

3.3.4.3　型腔精加工

接下来需要完成型腔精加工即工步 4 的内容。在"加工操作导航器"中，选择操作程序"3"，单击鼠标右键，依次选择"复制"和"粘贴"，并将操作程序名称改为"4"。

双击之前复制、粘贴的操作程序 4 或右键单击程序 4，选择"编辑"，进入参数编辑状态。将"刀轨设置"参数下的"方法"改为"MILL_FINISH"，"切削模式"改为"轮廓"，"切削层"中"最终"改为"0"。在"切削参数"的"余量"选项卡中输入"部件余量"为"0"。在"非切削参数"的"进刀"选项卡中，"封闭区域"的"进刀类型"改为"与开放区域相同"，而"开放区域"的"进刀类型"改为"圆弧"，如图 3-39 所示。对于"进给和速度"，按照表 3-8 中工步 4 所示修改主轴转速和进给参数。单击"生成"即图标，生成刀路轨迹，然后单击"确定"完成此操作，生成的刀路轨迹如图 3-40 所示。

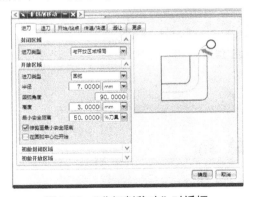

图 3-39　"非切削移动"对话框

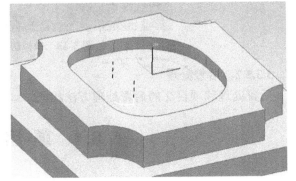

图 3-40　型腔精加工刀路轨迹

3.3.5　模拟仿真加工及后置处理

3.3.5.1　模拟仿真加工

同时选中所做的 4 个操作，单击鼠标右键，执行"刀轨"→"确认"，如图 3-41 所示，进入实体模拟仿真加工。在弹出的"刀轨可视化"对话框中，选择"2D 动态"，单击"选项"，进入"IPW 碰撞检查"对话框，勾选"碰撞时暂停"，然后单击"确定"。单击"播放"，如图 3-42 所示，仿真加工开始。得到如图 3-43 所示的仿真加工效果后，单击"刀轨可视化"对话框中的"比较"按钮，则可以清楚地看出结果零件跟部件之间的差别。

图 3-41　刀轨的确认

图 3-42　"刀轨可视化"对话框

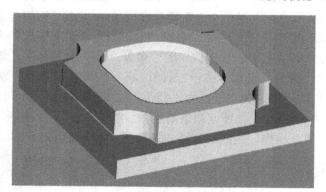

图 3-43　模拟仿真加工结果

3.3.5.2　后置处理

后置处理和项目 2 的后置处理方法相同。

3.4　项 目 总 结

3.4.1　加工方法总结

平面铣削加工是二维零件铣削加工的主要方法，表 3-1 中所列举的其他加工方法都是平面铣的一种，也可以说平面铣方法是二维零件铣削加工的通用方法。通过本项目的学习，要理解这种加工方法，从而掌握它的适用场合，简单概括来说，侧面和底面（或顶面）垂直的零件都可以用平面铣的方法加工。

　　平面铣中的部件边界、毛坯边界和底平面选择正确与否直接影响到此操作的成功与否，所以三者选择正确显得尤为重要。对于部件边界来说，首先要确定出此操作完成后所形成的侧面，部件边界就是形成的侧面上、下表面的轮廓；毛坯边界就是本操作之前零件顶部的表面轮廓，所以本项目在进行型腔粗加工时既可以选择最初始的毛坯边界，也可以选择顶部的外轮廓，它们都包含了将要加工的型腔范围；底平面就是本操作中加工深度最深的面。

3.4.2　加工工艺总结

　　二维零件的加工工艺和数控手工编程技术中所学习的工艺方法相同。对于本项目的案例，如果外轮廓和型腔加工用的刀具相同，也可将外轮廓和型腔的粗加工作为一个操作，将外轮廓和型腔的精加工作为另一个操作，这样工艺更为优化。

3.5　思考与练习

　　（1）选用合适的刀具，将本项目的案例做成粗加工、精加工两个操作。

　　（2）完成本书配套光盘中 lianxi\3.prt 的练习零件的加工，如图 3-44 所示。毛坯为 100 mm×80 mm×20 mm 的长方块，材料为 45 钢。

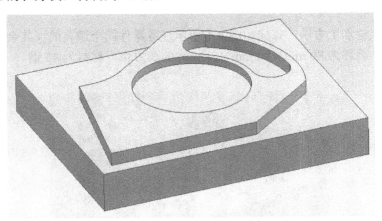

图 3-44　练习 3

项目4 点位加工

知识目标

◇ 理解 UG 点位加工方法;

◇ 掌握面点位加工方法的特点。

能力目标

◇ 能够正确创建点位加工方法;

◇ 能够恰当设置点位加工参数。

4.1 项 目 任 务

使用 UG 点位加工方法,完成如图 4-1 所示任务零件四个通孔的(其余表面已加工)加工程序的编制。毛坯为 80 mm×80 mm×30 mm 的长方块,材料为 45 钢。

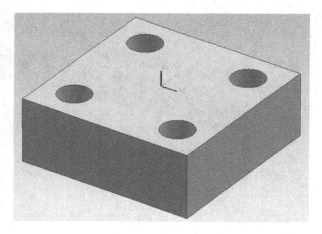

图 4-1 任务零件 4

4.2 相 关 知 识

下面详细介绍点位加工相关参数。

如图 4-2 所示,在"插入"工具栏中单击 图标,系统将弹出"创建操作"对话框,在"类型"选项中选择"drill",系统将在"创建操作"对话框内列出孔加工的相关类型,如图 4-3 所示。

图 4-3　"创建操作"对话框

图 4-2　插入工具栏

下面简单介绍孔加工各种子类型的含义（表 4-1）。

表 4-1　孔加工各子类型含义

类型按钮	名　　称	说　　明
	孔口平面（SPOT_FACING）	用于在斜面上钻出平位，是带有停留的钻孔循环
	中心孔（SPOT_DRILLING）	主要用来钻定位孔，是带有停留的钻孔循环
	普通孔（DRILLING）	用于在平面上钻深度较浅的普通孔，一般情况下利用该加工类型即可满足点位加工的要求（G81）
	啄钻（PECK_DRILLING）	采用间断进给的方式钻孔，每次啄钻后退出孔，以清除孔屑（G83）
	断屑钻（BREAKCHIP_DRILLING）	每次啄钻后稍稍退出以断屑，并不退到该加工孔的安全点以上。适合于加工韧性材料（G73）
	镗孔（BORING）	利用镗刀对孔镗削精加工
	铰孔（REAMING）	利用铰刀对孔铰削精加工，铰孔的精度高于钻孔

单击"创建操作"选中 ![icon]，即普通孔（DRILLING），进入钻削加工方法之后，参数对话框如图 4-4 所示。

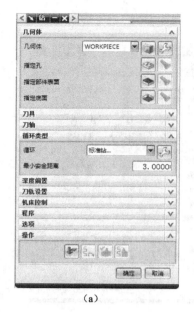
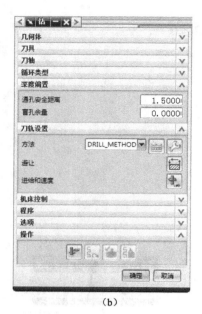

（a） （b）

图 4-4　钻加工方法参数对话框

钻削对话框中需要设置的主要是"几何体""循环类型""深度偏置"和"刀轨设置"四个菜单。

1）几何体

可使用表 4.2 中任何一种"几何体子类型"为钻孔操作指定孔。

表 4-2　点位加工参数的定义

类型按钮及名称	说　明
指定孔	定义孔的位置
指定顶面	定义孔的顶面
指定底面	定义孔的加工底面

2）循环类型

UG 点位加工提供的"循环类型"非常之多，此处只介绍常用的几种，见表 4-3。

表 4-3　UG 点位加工常用的"循环类型"

循环类型	说　明
标准钻	加工一般孔，加工动作如固定循环 G81，后处理的指令也是 G81
标准钻，深度	加工深孔，加工动作如固定循环 G83，后处理的指令也是 G83
标准钻，断屑	加工深孔，加工动作如固定循环 G73，后处理的指令也是 G73
标准攻丝	攻右旋螺纹，加工动作如固定循环 G84，后处理的指令也是 G84
标准镗	铰孔，加工动作如固定循环 G85，后处理的指令也是 G85
最小安全距离	刀具加工孔时快进和工进（以加工速度进刀）切换位置，相当于固定循环指令中的 R 点平面

当选择好"循环类型"之后（或者单击按钮 ⚙）将弹出如图 4-5 所示对话框，单击"确定"，随之弹出如图 4-6 所示对话框。

图 4-5　"指定参数组"对话框

图 4-6　"Cycle 参数"对话框

图 4-5 所示的"指定参数组"对话框是用来指定循环参数组的数目的。而"Cycle 参数"对话框主要指定孔加工深度、孔加工进给率和单次啄钻深度（当"循环类型"为"标准钻，深度"或"标准钻，断屑"时），其中"Depth"的类型见表 4-4。

表 4-4　"Depth"类型

模型深度		计算实体模型中每个孔的深度。刀轴必须和孔轴一致
刀尖深度		设置从顶面到刀尖的深度。钻刀的刀尖进给至指定深度
刀肩深度		设置从顶面到刀肩的深度。钻刀的刀肩进给至指定深度
至底面		刀尖进给至底面
穿过底面		钻刀刀肩进给至底面
至选定点		钻刀刀尖进给至指定点的 Z 向深度

3）深度偏置

在孔加工中，不管是加工盲孔还是通孔都需要钻头的实际加工深度比图纸要求更深，即"深度偏置"，表 4-5 为对深度的定义。

表 4-5 深 度 定 义

通孔安全距离	指定刀具移动超出通孔底面的距离（如右图②）	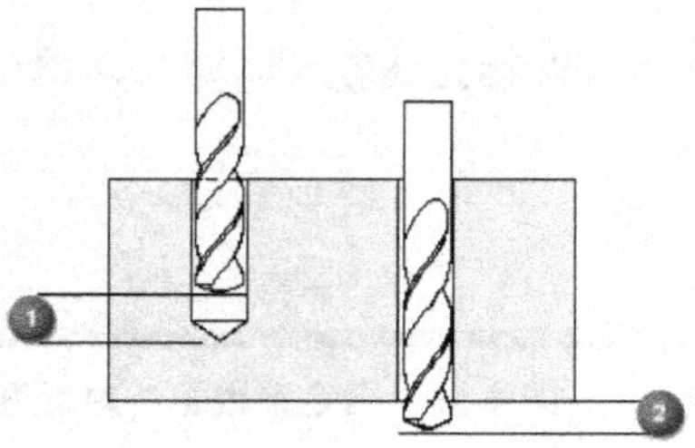
盲孔余量	指定高出盲孔底面的距离，刀具将在此位置停止钻孔（如右图①）	

4）刀轨设置

刀轨设置中较少用到"避让"，在此不做介绍，"进给和速度"各参数含义见项目 2。

4.3 任 务 实 施

4.3.1 加工工艺分析

4.3.1.1 零件及加工方法分析

对此任务孔加工，题目要求使用 UG 的点位加工方法。在此介绍点位加工方法。

打开本书配套光盘中 renwu\ch04.prt 的任务零件文件，进入 UG 的加工模块，根据项目 1 的方法初始化 CAM 设置，在"加工环境"对话框的"要创建的 CAM 设置"中选择"drill"。

4.3.1.2 确定加工工艺方案

任务加工工艺见表 4-6。

表 4-6 数控加工工艺卡片

数控加工工艺卡片			产品名称	零件名称	材　料		零件图号	
					45 钢			
工序号	程序编号	夹具名称	夹具编号	使用设备		车　间		
		虎钳						
工步号	工　步　内　容		刀具类型	刀具直径/mm	主轴转速/ (r·min⁻¹)	进给速度/ (mm·min⁻¹)	操作中刀具名称	操作名称
1	钻 4 孔至 ϕ14		麻花钻	ϕ14	400	60	Z14	1
2	铰孔至尺寸		铰刀	ϕ15	120	40	J15	2

4.3.2 点位加工方法创建

钻孔至 ϕ14 需通过如下步骤。

1）创建加工坐标系及安全平面

单击"开始"菜单，进入"加工"模块。将"操作导航器"切换至"几何视图"，双击"坐标系"即 MCS_MILL，弹出"Mill Orient"对话框，如图 4-7 所示。单击"CSYS 会话"，进入"CSYS"对话框，如图 4-8 所示。选择"参考"为"WCS"，单击"确定"，则设置好加工坐标系。

图 4-7　"Mill Orient"对话框

图 4-8　"CSYS"对话框

在"Mill Orient"对话框"间隙"下的"安全设置选项"中选择"平面"，单击"指定安全平面"即 🖾，随即弹出"平面构造器"对话框，如图 4-9 所示。选择零件最顶部的平面，然后在"偏置"处输入"10"，单击"确定"，则设置好安全平面。最后单击"Mill Orient"对话框的"确定"按钮。

2）创建几何体

双击"WORKPIECE"即 WORKPIECE，弹出"铣削几何体"对话框，如图 4-10 所示。单击"指定部件"，然后选定被加工的部件零件，单击"确定"；单击"指定毛坯"，选择"自动块"，如图 4-11 所示，单击"确定"。

图 4-9　"平面构造器"对话框

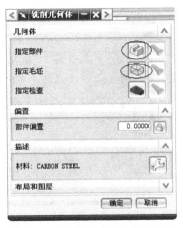

图 4-10　"铣削几何体"对话框

图 4-11　"毛坯几何体"对话框

3）创建刀具

单击"创建刀具"即图标 创建刀具，弹出"创建刀具"对话框，如图 4-12 所示，设置"类型"为"drill"、"刀具子类型"为"DRILLING_TOOL"即 、"名称"为"Z14"，单击"确定"，进入"钻头"对话框，在"直径"处输入"14"，单击"确定"即可，如图 4-13 所示。

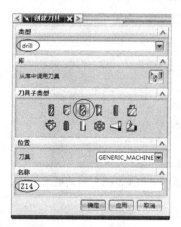

图 4-12 "创建刀具"对话框

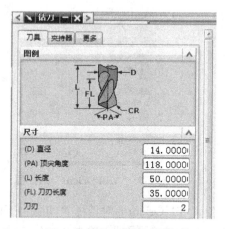

图 4-13 铣刀参数对话框

以同样的方法创建铰刀 J15，注意"刀具子类型"为"REAMER"。

4）创建操作

单击"创建操作"即图标 创建操作，在弹出的"创建操作"对话框中，"类型"设为"drill"，"操作子类型"设为"PECK_DRILLING"即 ，"刀具"选择"Z14"，"几何体"选择"WORKPIECE"，"方法"选择"DRILL_METHOD"，"名称"改为"1"，如图 4-14 所示，单击"确定"按钮，进入"啄钻"对话框，如图 4-15 所示。

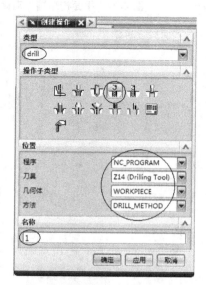

图 4-14 "创建操作"对话框

图 4-15 "啄钻"对话框

4.3.3　点位加工参数设置

4.3.3.1　"几何体"设定

1）指定孔

进入"啄钻"对话框，如图 4-15 所示。在"几何体"中单击图标 ，进入"点到点几何体"对话框，如图 4-16 所示。单击"选择"，选中如图 4-17 所示零件的 4 个孔的上表面边，单击"确定"，完成孔的设定。这之后 图标被激活，单击 图标即可显示刚刚选中的边界。

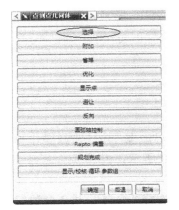

图 4-16　"点到点几何体"对话框

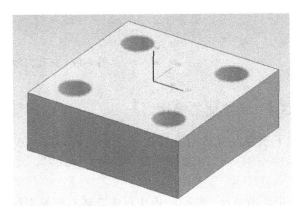

图 4-17　指定孔所选边

2）指定部件表面

在"几何体"中单击图标 ，选择零件的上表面，单击"确定"，完成表面设定。

3）指定底面

在"几何体"中单击图标 ，选择零件的下底面，单击"确定"，完成底面设定。

4.3.3.2　"循环类型"参数设定

在"循环类型"下单击图标 ，单击"确定"，进入"Cycle 参数"对话框，如图 4-18 所示。单击"Depth"选择"穿过底面"；单击"进给率"，按照表 4-6 所示输入"60"；单击"Step 值"，在"Step#1"中输入"5"。单击"确定"，返回如图 4-15 所示的"啄钻"对话框，在"最小安全距离"中输入"3"。

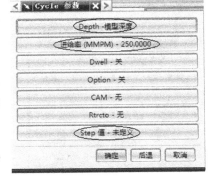

图 4-18　"Cycle 参数"对话框

4.3.3.3　"深度偏置"参数设定

在"通孔安全距离"中输入"5"。

4.3.3.4　"刀轨设置"设定

单击"进给和速度"即图标 ，弹出"进给和速度"对话框。按照表 4-6 所示，设置主轴转速和其他进给参数，单击"确定"按钮。单击"生成"即图标 ，生成刀路轨迹，然后单击"确定"完成此操作，生成的刀路轨迹如图 4-19 所示。

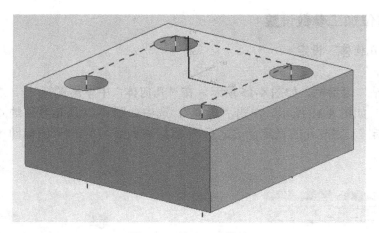

图 4-19　钻孔刀路轨迹

4.3.4　后续加工操作

　　接下来需要完成铰孔即工步 2 的内容。在"加工操作导航器"中，选择操作程序"1"，单击鼠标右键，依次选择"复制"和"粘贴"，如图 4-20 所示，并将操作程序名称改为"2"。

　　双击之前复制、粘贴的操作程序 2 或右键单击程序 2，选择"编辑"，进入参数编辑状态。在"刀具"参数下将刀具改为"J15"，"循环类型"选为"标准镗"。在后续的"Cycle 参数"对话框中将"Depth"选为"穿过底面"，将"进给率"按照表 4-6 所示输入"40"。单击"确定"，返回"啄钻"对话框。对于"进给和速度"，按照表 4-6 中工步 2 所示修改主轴转速和其他进给参数。单击"生成"即图标 ，生成刀路轨迹，然后单击"确定"完成此操作，生成的刀路轨迹如图 4-21 所示。

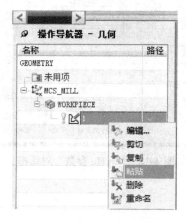

图 4-20　程序的复制与粘贴

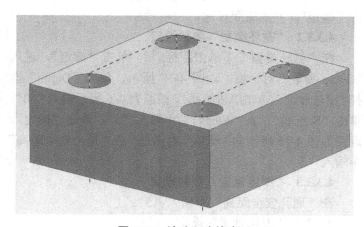

图 4-21　铰孔刀路轨迹

4.3.5　模拟仿真加工及后置处理

4.3.5.1　模拟仿真加工

同时选中所做的 2 个操作，单击鼠标右键，执行"刀轨"→"确认"，如图 4-22 所示，进入实体模拟仿真加工。在弹出的"刀轨可视化"对话框中，选择"2D 动态"，单击"选项"，进入"IPW 碰撞检查"对话框，勾选"碰撞时暂停"，然后单击"确定"。单击"播放"，如图 4-23 所示，仿真加工开始。得到如图 4-24 所示的仿真加工效果后，单击"刀轨可视化"对话框中的"比较"按钮，则可以清楚地看出结果零件跟部件之间的差别。

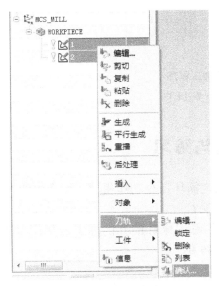

图 4-22　刀轨的确认

图 4-23　"刀轨可视化"对话框

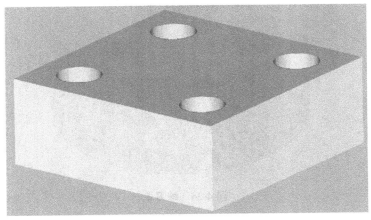

图 4-24　模拟仿真加工结果

4.3.5.2　后置处理

后置处理和项目 2 的后置处理方法相同。后处理所生成的数控加工程序如图 4-25 所示。

```
i 信息
文件(F)  编辑(E)
━━━━━━━━━━━━━━━━━━━━━━━━━━━━━━━━━
信息清单创建者:        Administrator
日期                          2014/1/11 19:
当前工作部件              : E:\UGCAM\lianxi\kon
节点名                      : lenovodzh
━━━━━━━━━━━━━━━━━━━━━━━━━━━━━━━━━
%
N0010 G40 G17 G90 G21
N0020 G91 G28 Z0.0
n0030 T00 M06
N0040 G0 G90 X-25. Y-25. S400 M03
N0050 G43 Z3. H00
N0060 G83 X-25. Y-25. Z-39.5065 R3. F60. Q5.
N0070 Y25.
N0080 X25.
N0090 Y-25.
N0100 G80
N0110 M30
```
（a）

```
i 信息
文件(F)  编辑(E)
━━━━━━━━━━━━━━━━━━━━━━━━━━━━━━━━━
信息清单创建者:        Administrator
日期                          2014/1/11
当前工作部件              : E:\UGCAM\lianxi\
节点名                      : lenovodzh
━━━━━━━━━━━━━━━━━━━━━━━━━━━━━━━━━
%
N0010 G40 G17 G90 G21
N0020 G91 G28 Z0.0
n0030 T00 M06
N0040 G0 G90 X-25. Y-25. S120 M03
N0050 G43 Z3. H00
N0060 G85 X-25. Y-25. Z-39.5065 R3. F40.
N0070 Y25.
N0080 X25.
N0090 Y-25.
N0100 G80
N0110 M30
```
（b）

图 4-25   数控加工程序

（a）钻孔程序；（b）铰孔程序

4.4   思考与练习

（1）UG 点位加工中，是否有加工路线与固定循环指令动作相同，而产生的数控加工程序又不是固定循环指令的方法？如有，应如何实现？

（2）完成本书配套光盘中名为 lianxi\4.prt 的练习零件的孔的加工，如图 4-26 所示。毛坯为 $\phi 70\,mm \times 30\,mm$ 的圆柱体毛坯，材料为 45 钢。

图 4-26   练习 4

项目5 二维加工综合实例1

5.1 项 目 任 务

完成如图 5-1 所示任务零件的加工程序的编制。毛坯为 100 mm×80 mm×20 mm 的长方块（其余表面已加工），材料为 45 钢。

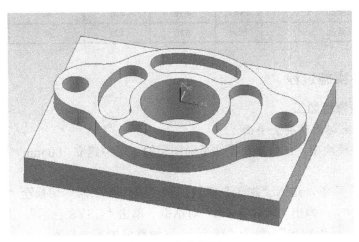

图 5-1 任务零件 5

5.2 任 务 实 施

5.2.1 加工工艺分析

5.2.1.1 零件分析

此任务零件包含了外形轮廓、型腔和孔等的加工。型腔都是封闭的，中间的大孔用铣刀进行精加工（针对教学）。

打开本书配套光盘中 renwu\ch05.prt 的任务零件文件，进入 UG 的加工模块，根据项目 1

的方法初始化 CAM 设置，然后分析零件的各参数信息。

5.2.1.2 确定加工工艺方案

任务加工工艺见表 5-1。

表 5-1 数控加工工艺卡片

数控加工工艺卡片			产品名称	零件名称	材 料	零件图号	
					45 钢		
工序号	程序编号	夹具名称	夹具编号	使用设备		车 间	
		虎钳					
工步号	工 步 内 容		刀具类型	刀具直径 /mm	主轴转速 /($r \cdot min^{-1}$)	进给速度 /($mm \cdot min^{-1}$)	操作中刀具名称	操作名称
1	外轮廓粗加工		立铣刀	$\phi16$	400	100	D16	1
2	外轮廓精加工		立铣刀	$\phi16$	550	80	D16	2
3	型腔粗加工		立铣刀	$\phi10$	600	100	D10	3
4	型腔精加工		立铣刀	$\phi10$	700	80	D10	4
5	钻中心孔		中心钻	$\phi3$	1200	50	ZX3	5
6	钻孔		麻花钻	$\phi9.6$	600	60	Z9.6	6
7	扩孔		麻花钻	$\phi29$	200	50	Z29	7
8	铣孔		立铣刀	$\phi16$	550	80	D16	8
9	铰孔		铰刀	$\phi10$	120	40	J10	9

5.2.2 任务实施过程

5.2.2.1 外轮廓粗加工

1）创建加工坐标系及安全平面

进入"建模"模块中，在与部件零件不同图层的 2 层中建立 100 mm×80 mm×20 mm 的长方块毛坯。

单击"开始"菜单，进入"加工"模块。将"操作导航器"切换至"几何视图"，双击"坐标系"即 MCS_MILL，弹出"Mill Orient"对话框。单击"CSYS 会话"，进入"CSYS"对话框。选择"参考"为"WCS"，单击"确定"，则设置好加工坐标系。

在"Mill Orient"对话框"间隙"下的"安全设置选项"中选择"平面"，单击"指定安全平面"即，随即弹出"平面构造器"对话框，选择零件最顶部的平面，然后在"偏置"处输入"5"，单击"确定"，则设置好安全平面。最后单击"Mill Orient"对话框的"确定"按钮。

2）创建几何体

双击"WORKPIECE"即 WORKPIECE，弹出"铣削几何体"对话框。单击"指定部件"，然后选定被加工的部件零件，单击"确定"；单击"指定毛坯"，选择图层 2 层中建立的 100 mm×80 mm×20 mm 长方块，单击"确定"。

3）创建刀具

单击"创建刀具"即图标，弹出"创建刀具"对话框。设置"类型"为"mill_planar"、"刀具子类型"为"MILL"即、"名称"为"D16"，单击"确定"，进入"铣刀参数"对话框，在"直径"处输入"16"，单击"确定"即可。

以类似的方法创建刀具 D10、ZX3、Z9.6、Z29 和 J10。

4）创建操作

单击"创建操作"即图标 ，在弹出的"创建操作"对话框中，"类型"设为"mill_planar"，"操作子类型"设为"PLANAR_MILL"即 ，"刀具"选择"D16"，"几何体"选择"WORKPIECE"，"方法"选择"MILL_ROUGH"，"名称"改为"1"，如图 5-2 所示。

单击"确定"按钮，进入"平面铣"对话框，如图 5-3 所示。

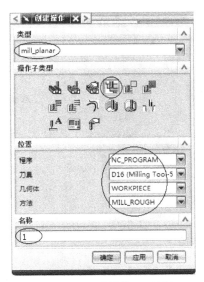

图 5-2 "创建操作"对话框

图 5-3 "平面铣"对话框

5）设置参数

（1）指定部件边界。

将工作层设置为加工部件所在的层，并设置毛坯所在图层为不可见。进入"平面铣"对话框。在"几何体"中单击图标 ，进入"边界几何体"对话框，在"模式"处选择"面"，勾选"忽略孔"前的方框。选择如图 5-4 所示零件的 2 个面，单击"确定"，则完成部件边界的设定。

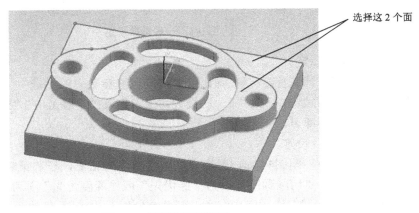

选择这 2 个面

图 5-4 部件边界所选面

（2）指定毛坯边界。

将毛坯零件所在的图层设置为可见。在"几何体"中单击图标，进入"边界几何体"对话框。选择 100 mm×80 mm×20 mm 长方块的上表面，单击"确定"，则完成毛坯边界的设定。

（3）指定底面。

在"几何体"中单击图标，进入"平面构造器"对话框，在"过滤器"处选择"任意"或者"面"，在"偏置"处输入"0"。选择如图 5-5 所示的面，单击"确定"，则完成底面的设定。

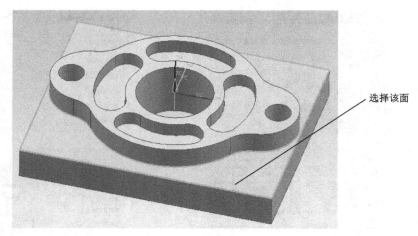

选择该面

图 5-5 底面所选面

（4）一般参数设定。

在"方法"中选择"MILL_ROUGH"，"切削模式"选择"跟随部件"，"步距"选择"%刀具平直"即刀具直径的百分比，在"平面直径百分比"处输入"75"，如图 5-6 所示。

图 5-6 一般参数设定

（5）"切削层"设定。

单击"切削层"即图标，在弹出的"切削深度参数"对话框中，"类型"选择"用户定义"，在"最大值"处输入"8"（一次最大切深≤刀具的半径），在"最终"处输入"0.5"，其他参数使用默认值即可。

（6）"切削参数"设定。

单击"切削参数"即图标，弹出"切削参数"对话框，在"策略"选项卡中，"切削方向"设为"顺铣"，"切削顺序"设为"层优先"或"深度优先"都可以（对于开放轮廓两者效果相同）。在"余量"选项卡中输入"部件余量"为"0.5"，其他余量为"0"。在"连接"

选项卡中，"开放刀路"设为"变换切削方向"，其他参数使用默认值。

（7）"非切削移动"参数设定。

单击"非切削移动"即图标，弹出"非切削移动"对话框，在"进刀"选项卡中，只需要设置"开放区域"，因为开放轮廓本身就是开放的区域。"进刀类型"设为"圆弧"。其他参数使用默认值。

（8）"进给和速度"参数设定。

单击"进给和速度"即图标，弹出"进给和速度"对话框。按照表 5-1 所示，设置主轴转速和进给参数，单击"确定"按钮。单击"生成"即图标，生成刀路轨迹，然后单击"确定"完成此操作，生成的刀路轨迹如图 5-7 所示。

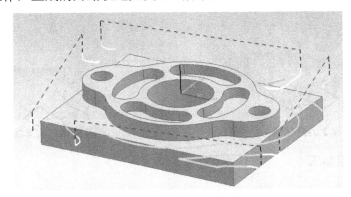

图 5-7　操作 1 刀路轨迹

6）模拟仿真加工

选中操作 1，单击鼠标右键，执行"刀轨"→"确认"，进入实体模拟仿真加工。在弹出的"刀轨可视化"对话框中，选择"2D 动态"，单击"选项"，进入"IPW 碰撞检查"对话框，勾选"碰撞时暂停"，然后单击"确定"。单击"播放"，仿真加工开始。得到仿真加工效果后，单击"刀轨可视化"对话框中的"比较"按钮，则可以清楚地看出结果零件跟部件之间的差别，如图 5-8 所示。

图 5-8　仿真加工结果

5.2.2.2　外轮廓精加工

在"加工操作导航器"中，选择操作程序"1"，单击鼠标右键，依次选择"复制"和"粘贴"，并将操作程序名称改为"2"。

双击之前复制、粘贴的操作程序 2 或右键单击程序 2，选择"编辑"，进入参数编辑状态。"切削参数"的"方法"改为"MILL_FINISH"，"切削模式"改为"轮廓"。"切削层"中"最终"改为"0"。"切削参数"的"余量"选项卡中所有余量均改为"0"。"非切削移动"的"进刀"选项卡中，"开放区域"的"进刀类型"设为"圆弧"。在"开始/钻点"选项卡中，"重叠距离"设为"3"。对于"进给和速度"，按照表 5-1 中工步 2 所示修改主轴转速和进给参数。其他参数不变。单击"生成"即图标，生成刀路轨迹，然后单击"确定"完成此操作，生成的刀路轨迹如图 5-9 所示。模拟仿真加工结果如图 5-10 所示。

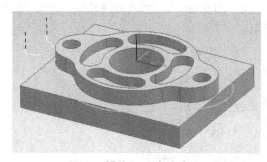

图 5-9　操作 2 刀路轨迹

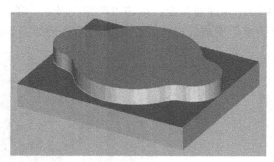

图 5-10　仿真加工结果

5.2.2.3　型腔粗加工

1）创建操作

单击"创建操作"即图标，在弹出的"创建操作"对话框中，"类型"设为"mill_planar"，"操作子类型"设为"PLANAR_MILL"即，"刀具"选择"D10"，"几何体"选择"WORKPIECE"，"方法"选择"MILL_ROUGH"，"名称"改为"3"。

2）设置参数

（1）指定部件边界。

在"几何体"中单击图标，进入"边界几何体"对话框，在"模式"处选择"面"。选择如图 5-11 所示零件的 5 个面，单击"确定"，然后再单击图标，进入"编辑边界"对话框，单击图标，选择 3 个孔的边并单击"移除"按钮，则完成部件边界的设定。

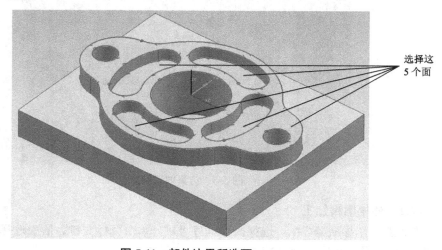

选择这
5 个面

图 5-11　部件边界所选面

（2）指定毛坯边界。

在"几何体"中单击图标，进入"边界几何体"对话框。勾选"忽略孔"前的方框，选择零件的上表面，单击"确定"，则完成毛坯边界的设定。

（3）指定底面。

在"几何体"中单击图标，进入"平面构造器"对话框，在"过滤器"处选择"任意"或者"面"，在"偏置"处输入"0"。选择4个封闭型腔中某一个的底面，单击"确定"，则完成底面的设定。

（4）一般参数设定。

在"方法"中选择"MILL_ROUGH"，"切削模式"选择"跟随部件"，"步距"选择"%刀具平直"即刀具直径的百分比，在"平面直径百分比"处输入"75"，如图5-6所示。

（5）"切削层"设定。

单击"切削层"即图标，在弹出的"切削深度参数"对话框中，"类型"选择"用户定义"，在"最大值"处输入"5"（一次最大切深≤刀具的半径），在"最终"处输入"0.5"（为了底面精修），其他参数使用默认值即可。

（6）"切削参数"设定。

单击"切削参数"即图标，弹出"切削参数"对话框，在"策略"选项卡中，"切削方向"设为"顺铣"，"切削顺序"设为"深度优先"。在"余量"选项卡中输入"部件余量"为"0.5"，其他余量为"0"。其他参数使用默认值。

（7）"非切削移动"参数设定。

单击"非切削移动"即图标，弹出"非切削移动"对话框，在"进刀"选项卡中，设置"封闭区域"的"进刀类型"为"沿形状斜进刀"、"倾斜角度"为"8"。在"开始/钻点"选项卡中，"重叠距离"设为"3"。其他参数使用默认值。

（8）"进给和速度"参数设定。

单击"进给和速度"即图标，弹出"进给和速度"对话框。按照表5-1所示，设置主轴转速和进给参数，单击"确定"按钮。单击"生成"即图标，生成刀路轨迹，然后单击"确定"完成此操作，生成的刀路轨迹如图5-12所示。模拟仿真加工结果如图5-13所示。

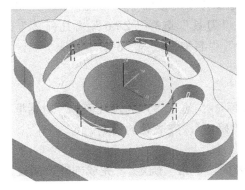

图5-12 操作3刀路轨迹

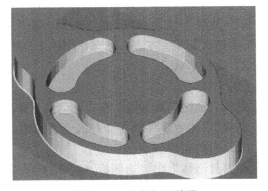

图5-13 仿真加工结果

5.2.2.4 型腔精加工

在"加工操作导航器"中，选择操作程序"3"，单击鼠标右键，依次选择"复制"和"粘

贴",并将操作程序名称改为"4"。

双击之前复制、粘贴的操作程序 4 或右键单击程序 4,选择"编辑",进入参数编辑状态。"切削参数"的"方法"改为"MILL_FINISH","切削模式"改为"轮廓"。"切削层"中"最终"改为"0"。"切削参数"的"余量"选项卡中所有余量均改为"0"。"非切削移动"的"进刀"选项卡中,设置"封闭区域"的"进刀类型"为"与开放区域相同",在"开放区域"的"半径"中输入"1",勾选"在圆弧中心处开始"。在"开始/钻点"选项卡中,"重叠距离"设为"3"。对于"进给和速度",按照表 5-1 中工步 4 所示修改主轴转速和进给参数。其他参数不变。单击"生成"即图标 ,生成刀路轨迹,然后单击"确定"完成此操作,生成的刀路轨迹如图 5-14 所示。

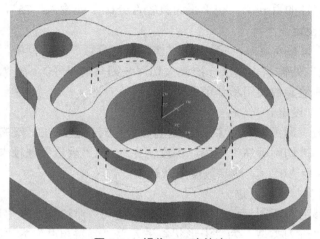

图 5-14　操作 4 刀路轨迹

5.2.2.5　钻中心孔

参考 5.2.2.6 钻孔。

5.2.2.6　钻孔

1)创建操作

单击"创建操作"即图标 ,在弹出的"创建操作"对话框中,"类型"设为"drill","操作子类型"设为"PECK_DRILLING"即 ,"刀具"选择"Z9.6","几何体"选择"WORKPIECE","方法"选择"DRILL_METHOD","名称"改为"6"。

2)设置参数

(1)指定孔。

进入"啄钻"对话框。在"几何体"中单击图标 ,进入"点到点几何体"对话框。单击"选择",选中零件的 3 个孔的上表面边,单击"确定",完成孔的设定。

(2)指定部件表面。

在"几何体"中单击图标 ,选择零件的上表面,单击"确定",完成部件表面设定。

(3)指定底面。

在"几何体"中单击图标 ,选择零件的下底面,单击"确定",完成底面设定。

(4)"循环类型"参数设定。

在"循环类型"下单击图标 ,单击"确定",进入"Cycle 参数"对话框。单击"Depth",

选择"穿过底面";单击"进给率",按照表 5-1 所示输入"60";单击"Step 值",在"Step#1"中输入"5"。单击"确定",返回"啄钻"对话框,在"最小安全距离"中输入"3"。

（5）"深度偏置"参数设定。

在"通孔安全距离"中输入"5"。

（6）"刀轨设置"设定。

单击"进给和速度"即图标 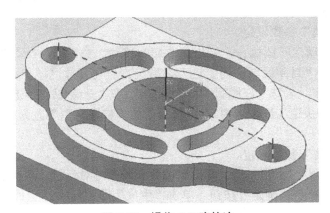，弹出"进给和速度"对话框。按照表 5-1 所示，设置主轴转速和其他进给参数，单击"确定"按钮。单击"生成"即图标 ，生成刀路轨迹，然后单击"确定"完成此操作，生成的刀路轨迹如图 5-15 所示。

图 5-15   操作 6 刀路轨迹

5.2.2.7   扩孔

参考 5.2.2.6 钻孔。

5.2.2.8   铣孔

1）创建操作

单击"创建操作"即图标 ，在弹出的"创建操作"对话框中，"类型"设为"mill_planar"，"操作子类型"设为"PLANAR_MILL"即 ，"刀具"选择"D16"，"几何体"选择"WORKPIECE"，"方法"选择"MILL_FINISH"，"名称"改为"8"。

2）设置参数

（1）指定部件边界。

在"几何体"中单击图标 ，进入"边界几何体"对话框，在"模式"处选择"曲线/边"，进入"创建边界"对话框，将"材料侧"选为"外部"，单击"确定"。选择上顶面孔的边，单击"确定"，则完成部件边界的设定。

（2）指定毛坯边界。

在"几何体"中单击图标 ，进入"边界几何体"对话框，勾选"忽略孔"前的方框，选择零件的上表面，单击"确定"，则完成毛坯边界的设定。

（3）指定底面。

在"几何体"中单击图标 ，进入"平面构造器"对话框，在"过滤器"处选择"任意"或者"面"，在"偏置"处输入"5"。选择零件的下底面（底面往下偏置"5"，是为刀具在铣孔时能超出孔底），单击"确定"，则完成底面的设定。

（4）一般参数设定。

"切削模式"选择"轮廓"，"步距"选择"%刀具平直"即刀具直径的百分比，在"平面直径百分比"处输入"75"。

（5）"切削层"设定。

单击"切削层"即图标▤，在弹出的"切削深度参数"对话框中，"类型"选择"用户定义"，在"最大值"处输入"3"（为了减少让刀造成的不利影响，将每刀深度尽量设置得较小），其他参数使用默认值即可。

（6）"切削参数"设定。

切削参数可全部使用默认参数。

（7）"非切削移动"参数设定。

单击"非切削移动"即图标▨，弹出"非切削移动"对话框，在"非切削移动"的"进刀"选项卡中，设置"封闭区域"的"进刀类型"为"与开放区域相同"，在"开放区域"的"半径"中输入"6"，勾选"在圆弧中心处开始"。在"开始/钻点"选项卡中，"重叠距离"设为"3"。在"传递/快速"选项卡中，"区域类"的"传递类型"改为"直接"。其他参数使用默认值。

（8）"进给和速度"参数设定。

单击"进给和速度"即图标▮，弹出"进给和速度"对话框。按照表 5-1 所示，设置主轴转速和进给参数，单击"确定"按钮。单击"生成"即图标▮，生成刀路轨迹，然后单击"确定"完成此操作，生成的刀路轨迹如图 5-16 所示。

图 5-16　操作 8 刀路轨迹

5.2.2.9　铰孔

参考 5.2.2.6 钻孔。

5.2.2.10　模拟仿真加工

同时选中所有的操作，单击鼠标右键，执行"刀轨"→"确认"，进入实体模拟仿真加工。在弹出的"刀轨可视化"对话框中，选择"2D 动态"，单击"选项"，进入"IPW 碰撞检查"对话框，勾选"碰撞时暂停"，然后单击"确定"。单击"播放"，仿真加工开始。得到如图 5-17 所示的仿真加工效果后，单击"刀轨可视化"对话框中的"比较"按钮，则可以清楚地看出结果零件跟部件之间的差别。

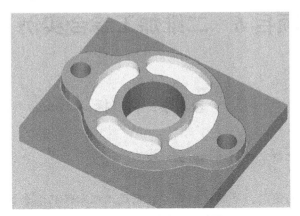

图 5-17 模拟仿真加工结果

5.2.2.11 后置处理

后置处理和项目 2 的后置处理方法相同。

5.3 思考与练习

（1）本项目操作步骤 5.2.2.8 中，是如何实现（即哪些参数决定的）铣孔时刀具是从大概为孔心位置下刀的？

（2）完成本书配套光盘中 lianxi\5.prt 的练习零件的孔的加工，如图 5-18 所示。毛坯为 120 mm×80 mm×35 mm 的长方体毛坯（其余表面已加工），材料为 45 钢。

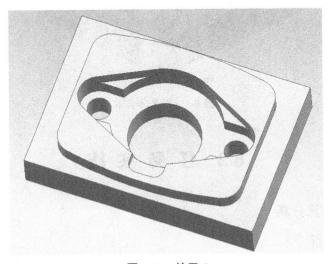

图 5-18 练习 5

项目6 二维加工综合实例2

6.1 项 目 任 务

完成如图 6-1 所示任务零件的加工程序的编制。毛坯为 80 mm×80 mm×30 mm 的长方块（其余表面已加工），材料为 45 钢。

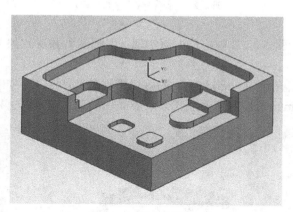

图 6-1 任务零件 6

6.2 任 务 实 施

6.2.1 加工工艺分析

6.2.1.1 零件分析

此任务零件包含了平面、外形轮廓和型腔等的加工。它的主要特点是各种开放式的台阶和凸台（或者叫作半岛和岛屿）高度各不相同；并且圆弧半径大小也各不相同。

打开本书配套光盘中 renwu\ch06.prt 的任务零件文件，进入 UG 的加工模块，根据项目 1 的方法初始化 CAM 设置。

6.2.1.2　确定加工工艺方案

任务加工工艺见表 6-1。

表 6-1　数控加工工艺卡片

数控加工工艺卡片			产品名称	零件名称	材　料	零件图号	
					45 钢		
工序号	程序编号	夹具名称	夹具编号	使用设备		车　　间	
		虎钳					
工步号	工　步　内　容	刀具类型	刀具直径/mm	主轴转速/(r·min⁻¹)	进给速度/(mm·min⁻¹)	操作中刀具名称	操作名称
1	零件整体粗加工	立铣刀	$\phi12$	550	100	D12	1
2	加工 1 中未加工到的凹圆弧	立铣刀	$\phi8$	800	100	D8	2
3	粗加工封闭型腔并精修底面	立铣刀	$\phi5$	1200	80	D5	3
4	精加工各台阶底面	立铣刀	$\phi10$	630	80	D10	4
5	精加工所有侧面	立铣刀	$\phi5$	1200	60	D5	5

6.2.2　任务实施过程

6.2.2.1　零件整体粗加工

1）创建加工坐标系及安全平面

进入"建模"模块中，在与部件零件不同图层的 2 层中建立 80 mm×80 mm×30 mm 的长方块毛坯。

单击"开始"菜单，进入"加工"模块。将"操作导航器"切换至"几何视图"，双击"坐标系"即 MCS_MILL，弹出"Mill Orient"对话框。单击"CSYS 会话"，进入"CSYS"对话框。选择"参考"为"WCS"，单击"确定"，则设置好加工坐标系。

在"Mill Orient"对话框"间隙"下的"安全设置选项"中选择"平面"，单击"指定安全平面"即 ，随即弹出"平面构造器"对话框，选择零件最顶部的平面，然后在"偏置"处输入"5"，单击"确定"，则设置好安全平面。最后单击"Mill Orient"对话框的"确定"按钮。

2）创建几何体

双击"WORKPIECE"即 WORKPIECE，弹出"铣削几何体"对话框。单击"指定部件"，然后选定被加工的部件零件，单击"确定"；单击"指定毛坯"，选择图层 2 层中建立的 80 mm×80 mm×30 mm 长方块，单击"确定"。

3）创建刀具

单击"创建刀具"即图标 创建刀具，弹出"创建刀具"对话框。设置"类型"为"mill_planar"、"刀具子类型"为"MILL"即 、"名称"为"D12"。单击"确定"，进入"铣刀参数"对话框，在"直径"处输入"12"，单击"确定"即可。

以同样的方法创建立铣刀 D10、D8 和 D5。

4）创建操作

单击"创建操作"即图标 创建操作，在弹出的"创建操作"对话框中，"类型"设为"mill_planar"，

"操作子类型"设为"PLANAR_MILL"即 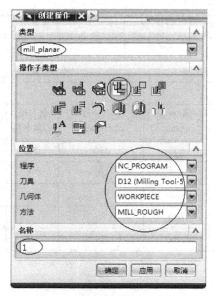，"刀具"选择"D12"，"几何体"选择"WORKPIECE"，"方法"选择"MILL_ROUGH"，"名称"改为"1"，如图 6-2 所示。单击"确定"按钮，进入"平面铣"对话框，如图 6-3 所示。

图 6-2 "创建操作"对话框

图 6-3 "平面铣"对话框

5）设置参数

（1）指定部件边界。

将工作层设置为加工部件所在的层，并设置毛坯所在图层为不可见。进入"平面铣"对话框，在"几何体"中单击图标 ，进入"边界几何体"对话框，在"模式"处选择"面"，勾选"忽略孔"前的方框。选择如图 6-4 所示零件的 7 个面，单击"确定"，则完成部件边界的设定。

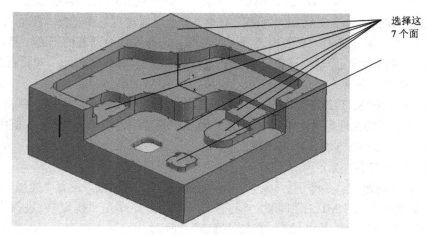

选择这 7 个面

图 6-4 部件边界所选面

（2）指定毛坯边界。

将毛坯零件所在的图层设置为可见。在"几何体"中单击图标 ，进入"边界几何体"对话框，选择 80 mm×80 mm×30 mm 长方块的上表面，单击"确定"，则完成毛坯边界的设定。

（3）指定底面。

在"几何体"中单击图标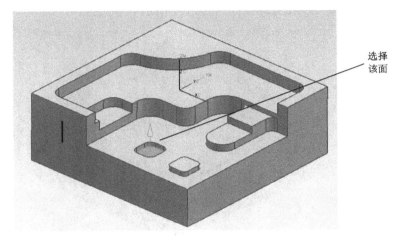，进入"平面构造器"对话框，在"过滤器"处选择"任意"或者"面"，在"偏置"处输入"0"。选择如图 6-5 所示的封闭型腔底面，单击"确定"，则完成底面的设定。

选择
该面

图 6-5 底面所选面

（4）一般参数设定。

在"方法"中选择"MILL_ROUGH"，"切削模式"选择"跟随部件"，"步距"选择"%刀具平直"即刀具直径的百分比，在"平面直径百分比"处输入"75"，如图 6-6 所示。

图 6-6 一般参数设定

（5）"切削层"设定。

单击"切削层"即图标，在弹出的"切削深度参数"对话框中，"类型"选择"用户定义"，在"最大值"处输入"6"（一次最大切深≤刀具的半径），其他参数使用默认值即可。

（6）"切削参数"设定。

单击"切削参数"即图标，弹出"切削参数"对话框，在"策略"选项卡中，"切削方向"设为"顺铣"，"切削顺序"设为"层优先"或"深度优先"都可以（对于开放轮廓两者效果相同）。在"余量"选项卡中输入"部件余量"为"0.5"，"最终底部余量"也为"0.5"，其他余量为"0"。在"连接"选项卡中，"开放刀路"设为"变换切削方向"，其他参数使用默认值。

（7）"非切削移动"参数设定。

单击"非切削移动"即图标，弹出"非切削移动"对话框，在"进刀"选项卡中，只需要设置"开放区域",因为开放轮廓本身就是开放的区域。"进刀类型"设为"圆弧"。其他参数使用默认值。

（8）"进给和速度"参数设定。

单击"进给和速度"即图标![icon]，弹出"进给和速度"对话框。按照表 6-1 所示，设置主轴转速和进给参数，单击"确定"按钮。单击"生成"即图标![icon]，生成刀路轨迹，然后单击"确定"完成此操作，生成的刀路轨迹如图 6-7 所示。

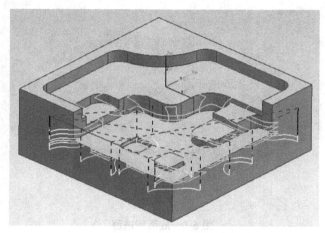

图 6-7　操作 1 刀路轨迹

6）模拟仿真加工

选中操作 1，单击鼠标右键，执行"刀轨"→"确认"，进入实体模拟仿真加工。在弹出的"刀轨可视化"对话框中，选择"2D 动态"，单击"选项"，进入"IPW 碰撞检查"对话框，勾选"碰撞时暂停"，然后单击"确定"。单击"播放"，仿真加工开始。得到仿真加工效果后，单击"刀轨可视化"对话框中的"比较"按钮，则可以清楚地看出结果零件跟部件之间的差别，如图 6-8 所示。

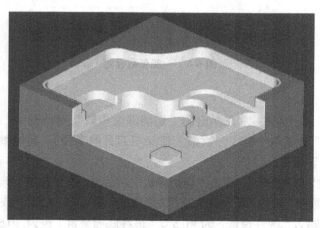

图 6-8　仿真加工结果

6.2.2.2　加工操作 1 中未加工到的凹圆弧

在"加工操作导航器"中，选择操作程序"1"，单击鼠标右键，依次选择"复制"和"粘

贴"，并将操作程序名称改为"2"。

双击之前复制、粘贴的操作程序 2 或右键单击程序 2，选择"编辑"，进入参数编辑状态。"刀具"改为"D8"，"切削层"中"最大值"改为"4"。"切削参数"的"空间范围"选项卡中"处理中的工件"改为"使用参考刀具"，"使用参考刀具"选择"D12"。对于"进给和速度"，按照表 6-1 中工步 2 所示修改主轴转速和进给参数。其他参数不变。单击"生成"即图标，生成刀路轨迹，然后单击"确定"完成此操作。生成的刀路轨迹如图 6-9 所示。模拟仿真加工结果如图 6-10 所示。

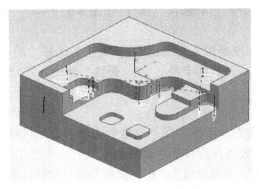

图 6-9 操作 2 刀路轨迹

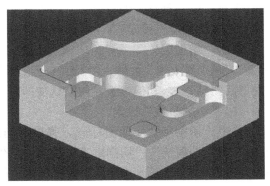

图 6-10 仿真加工结果

6.2.2.3 粗加工封闭型腔并精修底面

1）创建操作

单击"创建操作"即图标，在弹出的"创建操作"对话框中，"类型"设为"mill_planar"，"操作子类型"设为"PLANAR_MILL"即，"刀具"选择"D5"，"几何体"选择"WORKPIECE"，"方法"选择"MILL_ROUGH"，"名称"改为"3"。

2）设置参数

（1）指定部件边界。

在"几何体"中单击图标，进入"边界几何体"对话框，在"模式"处选择"面"。选择如图 6-11 所示零件的面 1 和面 2，单击"确定"，则完成部件边界的设定。

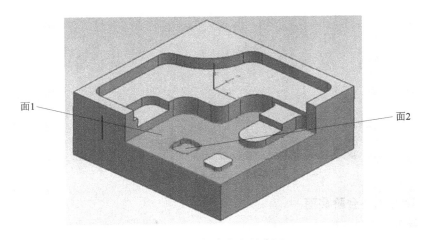

图 6-11 部件边界所选面

（2）指定毛坯边界。

在"几何体"中单击图标，进入"边界几何体"对话框。在"模式"处选择"面"，勾选"忽略孔"前的方框，选择图 6-11 中的面 1，单击"确定"，则完成毛坯边界的设定。

（3）指定底面。

本操作底面的指定和操作 1 指定的底面一样。

（4）一般参数设定。

在"方法"中选择"MILL_ROUGH"，"切削模式"选择"跟随部件"，"步距"选择"%刀具平直"即刀具直径的百分比，在"平面直径百分比"处输入"75"，如图 6-6 所示。

（5）"切削层"设定。

单击"切削层"即图标，在弹出的"切削深度参数"对话框中，"类型"选择"用户定义"，在"最大值"处输入"2.5"（一次最大切深≤刀具的半径），在"最终"处输入"0.5"（为了底面精修），其他参数使用默认值即可。

（6）"切削参数"设定。

单击"切削参数"即图标，弹出"切削参数"对话框，在"策略"选项卡中，"切削方向"设为"顺铣"，"切削顺序"设为"层优先"或"深度优先"都可以（只有一个加工区域）。在"余量"选项卡中输入"部件余量"为"0.5"，其他余量为"0"。其他参数使用默认值。

（7）"非切削移动"参数设定。

单击"非切削移动"即图标，弹出"非切削移动"对话框，在"进刀"选项卡中，设置"封闭区域"的 "进刀类型"为"螺旋线"、"倾斜角度"为"8"。在"开始/钻点"选项卡中，设置"重叠距离"为"3"。其他参数使用默认值。

（8）"进给和速度"参数设定。

单击"进给和速度"即图标，弹出"进给和速度"对话框。按照表 6-1 所示，设置主轴转速和进给参数，单击"确定"按钮。单击"生成"即图标，生成刀路轨迹，然后单击"确定"完成此操作，生成的刀路轨迹如图 6-12 所示。

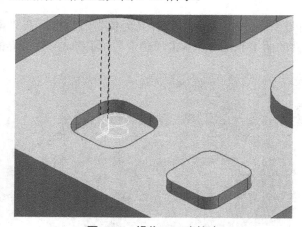

图 6-12　操作 3 刀路轨迹

6.2.2.4　精加工各台阶底面

1）创建操作

单击"创建操作"即图标，在弹出的"创建操作"对话框中，"类型"设为"mill_planar"，

"操作子类型"设为"FACE_MILLING_AREA"即 ，"刀具"选择"D10","几何体"选择
"WORKPIECE","方法"选择"MILL_FINISH","名称"改为"4",如图 6-13 所示。单击
"确定"按钮，进入"面铣削区域"对话框，如图 6-14 所示。

图 6-13　"创建操作"对话框

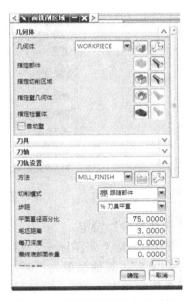

图 6-14　"面铣削区域"对话框

2）设置参数

（1）指定切削区域。

在"几何体"中单击图标 ，进入"切削区域"对话框，在"过滤方法"处选择"面"。
选择如图 6-15 所示的 6 个面，单击"确定"，则完成切削区域的设定。

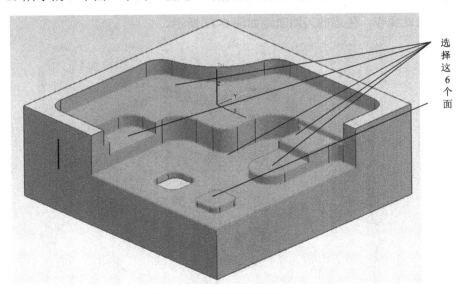

选择这 6 个面

图 6-15　切削区域所选面

（2）一般参数设定。

在"方法"中选择"MILL_FINISH"，"切削模式"选择"跟随部件"，"步距"选择"%刀具平直"即刀具直径的百分比，在"平面直径百分比"处输入"75"，"毛坯距离"采用UG默认值，在"每刀深度"和"最终底部面余量"处都输入"0"，如图6-16所示。

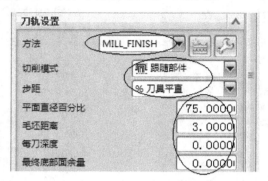

图 6-16　一般参数设定

（3）"切削参数"设定。

单击"切削参数"即图标，弹出"切削参数"对话框，在"余量"选项卡中输入"部件余量"为"0.5"，其他余量为"0"。在"连接"选项卡中，"开放刀路"设为"变换切削方向"，其他参数使用默认值。

（4）"非切削移动"参数设定。

单击"非切削移动"即图标，弹出"非切削移动"对话框，在"进刀"选项卡中，只需要设置"开放区域"，"进刀类型"设为"圆弧"。其他参数使用默认值。

（5）"进给和速度"参数设定。

单击"进给和速度"即图标，弹出"进给和速度"对话框。按照表6-1所示，设置主轴转速和进给参数，单击"确定"按钮。单击"生成"即图标，生成刀路轨迹，然后单击"确定"完成此操作，生成的刀路轨迹如图6-17所示。

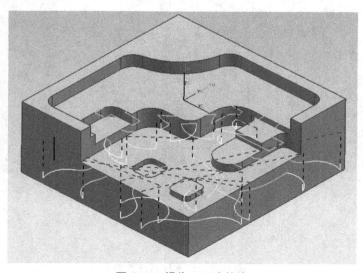

图 6-17　操作 4 刀路轨迹

6.2.2.5   精加工所有侧面

在"加工操作导航器"中，选择操作程序"1"，单击鼠标右键，依次选择"复制"和"粘贴"，并将操作程序名称改为"5"。

双击之前复制、粘贴的操作程序 5 或右键单击程序 5，选择"编辑"，进入参数编辑状态。"刀具"改为"D5"，"切削层"中"最大值"改为"2.5"。"切削参数"的"方法"改为"MILL_FINISH"，"切削模式"改为"轮廓"。"切削参数"的"余量"选项卡中所有余量均改为"0"。"非切削移动"的"进刀"选项卡中，"封闭区域"的"进刀类型"改为"与开放区域相同"，"开放区域"的"进刀类型"设为"圆弧"。在"开始/钻点"选项卡中，"重叠距离"设为"3"。对于"进给和速度"，按照表 6-1 中工步 5 所示修改主轴转速和进给参数。其他参数不变。单击"生成"即图标 ⚙，生成刀路轨迹，然后单击"确定"完成此操作，生成的刀路轨迹如图 6-18 所示。

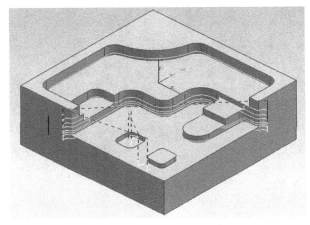

图 6-18   操作 5 刀路轨迹

6.2.2.6   模拟仿真加工

同时选中所有的操作，单击鼠标右键，执行"刀轨"→"确认"，进入实体模拟仿真加工。在弹出的"刀轨可视化"对话框中，选择"2D 动态"，单击"选项"，进入"IPW 碰撞检查"对话框，勾选"碰撞时暂停"，然后单击"确定"。单击"播放"，仿真加工开始。得到如图 6-19 所示的仿真加工效果后，单击"刀轨可视化"对话框中的"比较"按钮，则可以清楚地看出结果零件跟部件之间的差别。

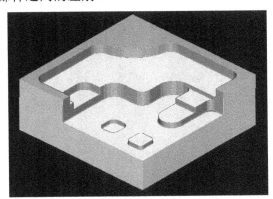

图 6-19   模拟仿真加工结果

6.2.2.7 后置处理

后置处理和项目 2 的后置处理方法相同。

6.3 思考与练习

（1）本项目案例在不考虑操作步骤数量的情况下，还有更优化的工艺方法吗？如有，怎样操作？

（2）完成本书配套光盘中 lianxi\6.prt 的练习零件的孔的加工，如图 6-20 所示。毛坯为 160 mm×98 mm×30 mm 的长方体（6 个表面已加工），材料为 45 钢。

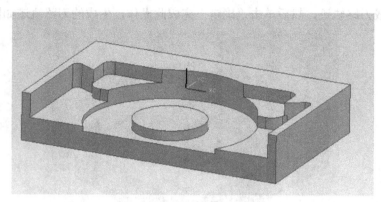

图 6-20　练习 6

模块三
UG NX 7 CAM 三维加工

项目 7　型 腔 铣 削

知识目标

✧ 了解 UG 型腔铣削加工方法;

✧ 了解型腔铣加工方法的特点;

✧ 了解型腔铣加工方法适用的场合。

能力目标

✧ 能够根据被加工零件的特点合理选用切削层类型;

✧ 能够恰当设置切削层参数;

✧ 能够独立完成型腔铣零件的加工。

7.1　项 目 任 务

使用 UG 型腔铣的加工方法,完成如图 7-1 所示任务零件的加工程序的编制。毛坯为 150 mm×150 mm×30 mm 的长方块,材料为 45 钢。

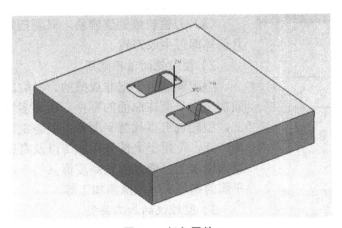

图 7-1　任务零件 7

7.2　相 关 知 识

型腔铣操作是 UG NX 7 加工最常用的操作,应用于大部分工作的粗加工、半精加工和部分精加工。型腔铣操作的原理是通过计算毛坯除去工件后剩下的材料作为被加工的材料来产生刀轨,所以只需要定义工件和毛坯即可计算刀位轨迹,使用简便且智能化程度高。

1)型腔铣的特点

型腔铣操作与平面铣一样是在与 XY 平面平行的切削层上创建刀位轨迹,型腔铣有以下特点。

(1)刀轨为层状,切削层垂直于刀轴,一层一层地切削,如图 7-2 所示,即在加工过程中机床两轴联动。

(2)可采用边界、面、曲线或实体定义刀具切削运动区域(定义部件几何体和毛坯几何体),但是实际应用中大多数采用实体。

(3)切削效率高,但会在零件表面上留下层状余料,如图 7-3 所示,因此型腔铣主要用于粗加工,某些型腔铣操作也可以用于精加工。

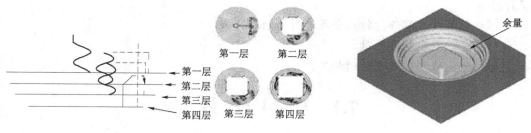

图 7-2　层切削示意图　　　　　　　　　　图 7-3　层状余料

(4)可以适用于带有倾斜侧壁、陡峭曲面及底面为曲面的工件的粗加工与精加工,如模具的动模、定模及各类型模具零件等。

图 7-4　型腔铣"创建操作"对话框

(5)刀位轨迹创建容易,只要指定零件几何体与毛坯几何体即可生成刀轨。

2)型腔铣的适用范围

型腔铣适用于把非直壁的、岛屿的顶面以及槽腔的底面加工为平面或曲面的零件。在许多情况下,特别是精加工,型腔铣可以代替平面铣。型腔铣在数控加工应用中最为广泛,可用于大部分粗加工以及直壁或者斜度不大的侧壁的精加工;通过限定高度值只切一层,型腔铣也可用于平面的精加工以及清角加工等。

3)型腔铣的加工类型

根据型腔铣加工的用途不同,比如粗加工或者精加工等,UG NX 7 提供了 6 种子类型,如图 7-4 所示。当使用 CAM 设置"类型"为"mill_contour"时,就可以创建型腔铣加工的各种子类型操作(具体见表 7-1),以满足各种加工需求。其中"CAVITY_MILL"是最常用的子类型,本项目将对其进行着重介绍。

表 7-1 型腔铣类型

类型按钮	名　　称	说　　明
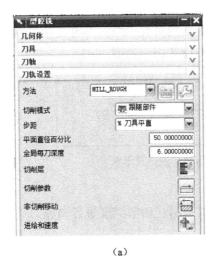	型腔铣（CAVITY_MILL）	该类型为型腔铣加工的基本操作，可以使用所有的切削模式来切除由毛坯几何体、IPW 和部件几何体所构成的材料量，通常用于工件的粗加工
	插铣（PLUNGE_MILLING）	该类型适用于使用插铣方式进行粗加工
	轮廓粗加工（CORNER_ROUGH）	该类型适用于用"跟随部件"（Follow_Part）切削模式，清除以前因刀具在拐角或过渡圆角部位无法加工而留下的残余材料
	剩余铣（REST_MILLING）	该类型适用于加工以前刀具切削后残余的材料
	深度加工轮廓（ZLEVEL_PROFILE）	该类型适用于使用"轮廓"（Profile）切削模式精加工工件外形
	深度加工拐角（ZLEVEL_CORNER）	该类型适用于"轮廓"（Profile）切削模式精加工以前刀具在拐角或过渡圆角部位无法加工的区域

下面详细介绍型腔铣削方法相关参数。

由于型腔铣削与前面平面铣削项目中的大部分参数设置内容是一致的，这里只重点介绍型腔铣削中常用到的切削层的相关参数设置。

切削层是型腔铣操作指定平行于 XY 面的切削平面，是定义的切削深度的基本单位，当定义型腔铣操作时，系统会根据工件和毛坯几何体的最高点和最低点来确定切削深度，并在总的切削深度范围内自动寻找工件和毛坯几何体上的平面，然后用这些平面将总的切削深度划分为多个切削范围，每个切削范围都可以独立地设定各自的均匀深度。

在"型腔铣"对话框的"刀轨设置"选项组中，单击 ![button] 按钮，打开"切削层"对话框，如图 7-5 所示。在"切削层"对话框中，型腔铣操作提供了全面、灵活的方法对切削范围、切削深度进行调整。

（a）

（b）

图 7-5 型腔铣切削层对话框

1）切削层基本概念

切削层是型腔铣最重要的参数，是掌握型腔铣的关键，切削层可以灵活地调整加工的深度，要理解切削层的设定和修改方式，必须先了解几个概念。

（1）切削深度。

切削深度可分为总的切削深度和每一刀的深度，每一刀的深度可以定义为全局切削深度和某个切削范围内的局部切削深度，如图 7-6 所示。

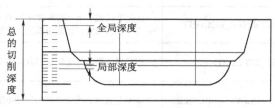

图 7-6　切削深度示意

（2）关键层和当前关键层。

图 7-7 所示为一个工件切削层的示意图，系统默认每一个平面符号表示一个切削层。其中大的平面符号就是关键层。而当前关键层就是其中亮显的两个大的平面符号，当前关键层有一个或两个（在顶层只有一个）。

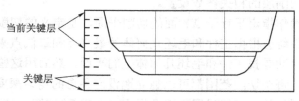

图 7-7　关键层和当前关键层示意

（3）切削范围和当前切削范围。

每两个相邻的关键层之间的区域为一个切削范围，这两个关键层是它们确定的切削范围的顶面和底面。在两个当前关键层之间的区域是当前切削范围，如图 7-8 所示。当前切削范围会被亮显。切削范围可以有多个，但当前切削范围只有一个，并可在各范围间切换。当前切削范围在顶层时可理解为一个切削深度为零的特殊切削范围。

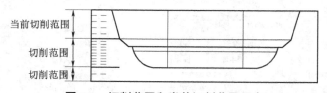

图 7-8　切削范围和当前切削范围示意

2）切削层设置操作

在"切削层"对话框中，可以方便地对切削范围、切削深度进行调整。下面通过具体实例的演练，对切削层进行深入的了解。

（1）范围类型。

"自动生成" ：由系统自动判断生成切削层范围参数。

"用户自定义" ：由用户自己设置切削层范围。

"单个" ：整个零件只有一个切削层。

在对切削层做了任何修改后，单击 按钮，则该工件的切削层又回到系统的初始状态。

（2）切削层（图 7-9）。

恒定：在每一个切削范围内采用相同的切削深度下刀。

仅在范围底部：每一个切削范围内直接一刀切除该切削深度范围内所有材料。

图 7-9　切削层类型

（3）当前切削范围的切换。

查看切削范围时，当前切削范围在最上面。使用 和 按钮，可以切换到不同的当前切削范围。

（4）切削范围编辑。

删除当前范围：在"切削层"对话框中单击"自动生成"按钮，此时，默认的最上面的切削范围为当前范围，单击 按钮若干次，则切削范围的数量在逐一减少，但总的切削深度不变。

修改范围深度：在"切削层"对话框中，默认的是"用户定义" 状态和"编辑当前范围" 状态，随时可以改变当前范围的深度。

（5）范围深度设置。

范围深度是指当前切削范围的底面深度，范围深度的设定有三种方法：第一种方法是直接在绘图区选取可捕捉到的点，该点的深度即要设定到的深度；第二种方法是在"范围深度"后的文本框中输入深度值；第三种方法是拖动当前范围深度滑块，动态地设定当前范围深度值。后两种方法在改变值时，系统提供了四种可选的深度测量基准，位于"测量开始位置"的下拉列表中，如图 7-10 所示。

用于参考的零深度的位置，它们的意义如下。

顶层：最顶端的切削层为零深度的位置。

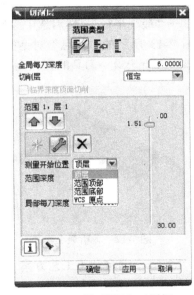

图 7-10　"切削层"对话框

范围顶部：当前切削范围的顶层为零深度的位置。

范围底部：当前切削范围的底层为零深度的位置。

WCS 原点：当前工件坐标系的原点为零深度的位置。

（6）每刀切削深度设定。

全局每刀深度：设置所有切削层范围内的默认每刀下刀深度。

局部每刀深度：设置当前切削范围的每刀下刀深度。

7.3 任务实施

7.3.1 加工工艺分析

7.3.1.1 零件及加工方法分析

此型腔板有一组相对的两侧面与底面垂直，但是另一组相对的两侧面并不与底面垂直，如图 7-11 所示。之前所学的平面铣加工方法适用于侧面垂直于底面的零件，型腔板显然不能用这种方法加工。对于此零件的加工需要用到一种新的加工方法——型腔铣。

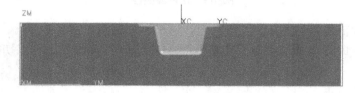

图 7-11 零件剖面图

打开本书配套光盘中 renwu\ch07.prt 的任务零件文件，进入 UG 的加工模块。执行"分析"→"最小半径"，然后选中零件两侧面间的圆角面，如图 7-12 所示，单击"确定"。弹出如图 7-13 所示的"信息"对话框。从对话框中可知该零件的最小半径约为"2.01"，所以加工该零件所选最小刀具的直径为"4"。

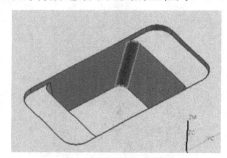

图 7-12 分析最小半径

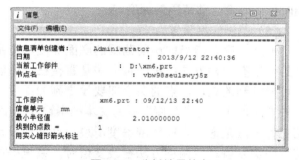

图 7-13 分析结果信息

7.3.1.2 确定加工工艺方案

任务加工工艺见表 7-2。

表 7-2 数控加工工艺卡片

数控加工工艺卡片			产品名称	零件名称	材　料	零件图号	
					45 钢		
工序号	程序编号	夹具名称	夹具编号	使用设备		车　　间	
		虎钳					
工步号	工　步　内　容	刀具类型	刀具直径/mm	主轴转速/ (r·min⁻¹)	进给速度/ (mm·min⁻¹)	操作中刀具名称	操作名称
1	整体粗加工	平底刀	ϕ10	600	100	D10	1
2	整体精加工	平底刀	ϕ6	800	150	D6	2
3	残料精加工	平底刀	ϕ4	1000	20	D4	3

7.3.2 型腔铣加工方法创建

零件的整体粗加工按如下顺序进行。

1）创建加工坐标系及安全平面

将"操作导航器"切换至"几何视图",双击"坐标系"即 MCS_MILL,弹出"Mill Orient"对话框,如图 7-14 所示。单击"CSYS 会话",进入"CSYS"对话框,设置"参考"为"WCS",如图 7-15 所示,单击"确定",则设置好加工坐标系。

图 7-14 "Mill Orient"对话框

图 7-15 "CSYS"对话框

在"Mill Orient"对话框"间隙"下的"安全设置选项"中选择"平面",单击"指定安全平面"即 ,随即弹出"平面构造器"对话框,如图 7-16 所示,选择零件最底部的平面,然后在"偏置"处输入"3",单击"确定",则设置好安全平面。最后单击"Mill Orient"对话框的"确定"按钮。

2）创建几何体

双击"WORKPIECE"即 WORKPIECE,弹出"铣削几何体"对话框,如图 7-17 所示。单击"指定部件",然后框选被加工零件,单击"确定";单击"指定毛坯",选择"自动块",单击"确定"。

图 7-16 "平面构造器"对话框

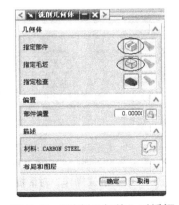

图 7-17 "铣削几何体"对话框

3）创建刀具

单击"创建刀具"即图标 创建刀具,弹出"创建刀具"对话框,如图 7-18 所示。设置"类型"为"mill_planar"、"刀具子类型"为"MILL"即 、"名称"为"D10",单击"确定",进入

"铣刀-5 参数"对话框，在"直径"处输入"10"即可，如图 7-19 所示。

图 7-18 "创建刀具"对话框

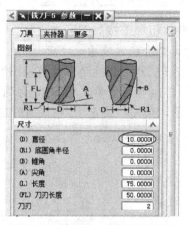

图 7-19 "铣刀-5 参数"对话框

以同样的方法分别创建平底刀 D6、D4。

4）创建操作

单击"创建操作"即图标 创建操作，在弹出的"创建操作"对话框中，"类型"设为"mill_contour"，"操作子类型"设为"CAVITY_MILL"即 ，"刀具"选择"D10"，"几何体"选择"WORKPIECE"，"方法"选择"MILL_ROUGH"，"名称"改为"1"，如图 7-20 所示。单击"确定"按钮，进入"型腔铣"对话框，如图 7-21 所示。

图 7-20 "创建操作"对话框

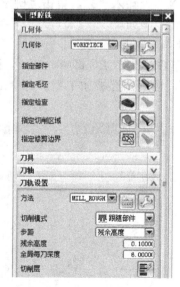

图 7-21 "型腔铣"对话框

7.3.3 型腔铣加工参数设置

1）"指定切削区域"

单击"指定切削区域"即图标 ，弹出"切削区域"对话框，如图 7-22 所示。框选如

图 7-23 所示零件区域，单击"确定"，则完成切削区域的设定。

图 7-22　"切削区域"对话框

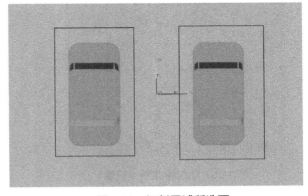

图 7-23　切削区域所选面

2）"刀轨设置"参数设定

（1）一般参数设定。

在"方法"中选择"MILL_ROUGH"，"切削模式"选择"跟随部件"，"步距"选择"%刀具平直"（即刀具直径的百分比），在"平面直径百分比"处输入"75"，如图 7-24 所示。

图 7-24　一般参数设定

（2）"切削层"设定。

单击"切削层"即图标　，进入"切削层"对话框，如图 7-25 所示。

在"切削层"的"范围类型"中选择"自动生成"。通过"切削范围选择"即图标　，选择"范围 1"，如图 7-26 所示。由于该层的侧面是竖直面，因此将"局部每刀深度"设置得大一些，这里设置为 1.51 mm（直径 10 mm 的完全可以一刀切）。用同样的方法选择"范围 2"，该切削范围的型腔侧面是一个斜面，为了保证粗加工后加工零件的毛坯余量较均匀，要把"局部每刀深度"设置得小一些，这里设置为 1 mm，如图 7-27 所示。设置好后单击"确定"，这时在主界面就会显示当前零件的切削层设置示意图，如图 7-28 所示。

（3）"切削参数"设定。

在"刀轨设置"下，单击"切削参数"即图标　，弹

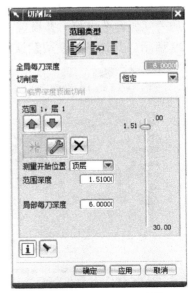

图 7-25　"切削层"对话框

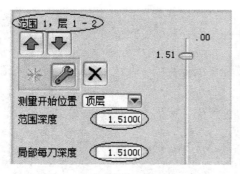

图 7-26　切削层范围 1 设置

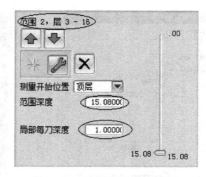

图 7-27　切削层范围 2 设置

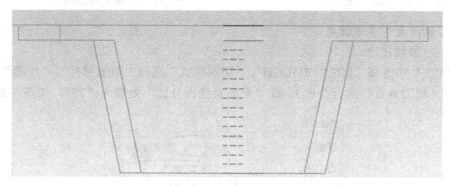

图 7-28　切削层示意

出"切削参数"对话框，在"策略"选项卡中，"切削方向"设为"顺铣"，"切削顺序"设为"深度优先"；在"余量"选项卡中，将"使用'底部面和侧壁余量一致'"选项前面方框中的"√"勾选去掉，并设置"部件侧面余量"为"0.3"，"部件底部面余量"为"0"，如图7-29 所示。其他参数使用默认值。

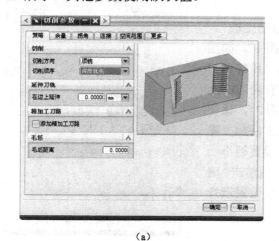

(a)

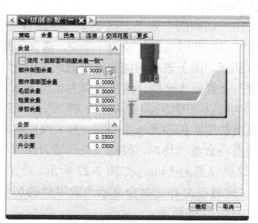

(b)

图 7-29　"切削参数"对话框

3)"非切削移动"参数设定

单击"非切削移动"即图标 📄，弹出"非切削移动"对话框，在"进刀"选项卡中，设置"封闭区域"的"进刀类型"为"螺旋线"、"倾斜角度"为"8"、"高度"为"1"，如图 7-30 所示。其他参数使用默认值。

4)"进给和速度"参数设定

单击"进给和速度"即图标 🔧，弹出"进给和速度"对话框。按照表 7-2 所示，设置主轴转速和进给参数，单击"确定"按钮。单击"生成"及图标 🖱，生成刀路轨迹，然后单击"确定"完成此操作，生成的刀路轨迹如图 7-31 所示。

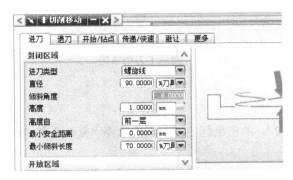

图 7-30　"非切削移动"对话框

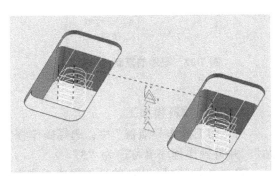

图 7-31　粗加工刀路轨迹

7.3.4　后续加工操作

7.3.4.1　整体精加工

至此工步 1 的操作完成，接下来就需要完成工步 2 的内容。在"加工操作导航器"中，选择操作程序"1"即 🔧，单击鼠标右键，依次选择"复制"和"粘贴"，如图 7-32 所示，并将操作程序名称改为"2"。

双击之前复制、粘贴的操作程序 2 或右键单击程序 2，选择"编辑"，进入参数编辑状态。"刀具"改为"D6"，"方法"改为"MILL_FINISH"，"切削模式"改为"轮廓"，"附加刀路"为"0"。

进入"切削层"对话框。选择"范围 1"，将"局部每刀深度"设置为 1.51 mm（直径 10 mm 的完全可以一刀切）。选择"范围 2"，将"局部每刀深度"设置为 0.1 mm。在"切削参数"的"余量"选项卡中，所有余量均设为"0"。

在"非切削移动"参数的"进刀"选项卡中，设置"封闭区域"的"进刀类型"为"与开放区域相同"，设置"开放区域"的"进刀类型"为"圆弧"。在"开始/钻点"选项卡中，设置"重叠距离"为"3"。在"传递/快速"选项卡中，"区域之间"和"区域内"的"传递类型"均设为"直接"。

对于"进给和速度"，按照表 7-2 中工步 2 所示修改主轴转速和进给参数。其他参数不变。单击"生成"即图标 🖱，生成刀路轨迹，然后单击"确定"完成此操作，生成的刀路轨迹如图 7-33 所示。

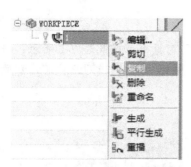

图 7-32　程序的复制与粘贴

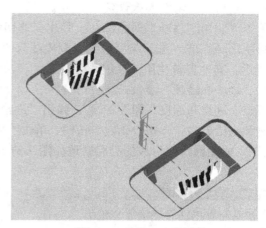

图 7-33　精加工刀路轨迹

7.3.4.2　残料精加工

在"加工操作导航器"中，选择操作程序"2"，单击鼠标右键，依次选择"复制"和"粘贴"，并将操作程序名称改为"3"。

双击之前复制、粘贴的操作程序 3 或右键单击程序 3，选择"编辑"，进入参数编辑状态。

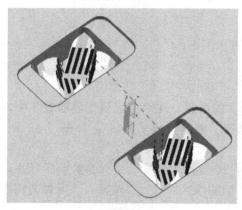

图 7-34　残料精加工刀路轨迹

将"刀具"改为"D4"。单击"切削参数"即图标，弹出"切削参数"对话框，在"空间范围"选项卡中，"参考刀具"选择"D6"，"重叠距离"设为"2"。其他参数不变。

单击"非切削移动"即图标，弹出"非切削移动"对话框，"进刀"选项卡中，将"开放区域"的"高度"改为"0"，其他参数不变。

单击"进给和速度"即图标，弹出"进给和速度"对话框。按照表 7-2 中工步 3 所示，修改主轴转速和进给参数，其他参数不变。单击"生成"即图标，生成刀路轨迹，然后单击"确定"完成此操作，生成的刀路轨迹如图 7-34 所示。

7.3.5　模拟仿真加工及后置处理

7.3.5.1　模拟仿真加工

同时选中所做的 3 个操作，单击鼠标右键，执行"刀轨"→"确认"，进入实体模拟仿真加工。在弹出的"刀轨可视化"对话框中，选择"2D 动态"，单击"选项"，进入"IPW 碰撞检查"对话框，勾选"碰撞时暂停"，然后单击"确定"。单击"播放"，仿真加工开始。得到如图 7-35 所示的仿真加工效果后，单击"刀轨可视化"对话框中的"比较"按钮，则可以清楚地看出结果零件跟部件之间的差别。

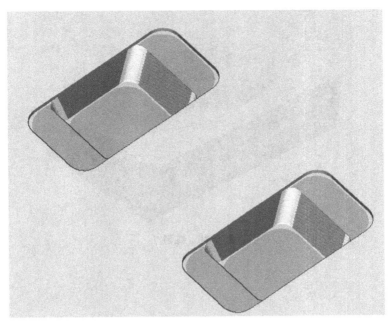

图 7-35 模拟仿真加工结果

7.3.5.2 后置处理

后置处理和项目 2 的后置处理方法相同。

7.4 项 目 总 结

7.4.1 加工方法总结

型腔铣加工是三维零件加工方法中最常用的一种。根据零件的不同，它既可以作为粗加工，也可以作为精加工。对于大多数三维曲面零件而言，型腔铣往往作为粗加工，可进行一次开粗、二次开粗等。

7.4.2 加工工艺总结

型腔铣可以针对所选取的切削区域中零件的不同倾斜角度来选择不同的下刀深度进行切削，即"切削层"参数的设置。"切削层"的合理设置，会给加工带来很大的便利。型腔铣适合解决一些比较棘手的问题。

7.5 思考与练习

（1）如何根据零件的特点自定义分层（即不使用系统自动分的层）？

（2）完成本书配套光盘中 lianxi\7.prt 的零件加工的练习，如图 7-36 所示。毛坯为 80 mm×50 mm×30 mm 的长方块（其余表面已加工），材料为 45 钢。

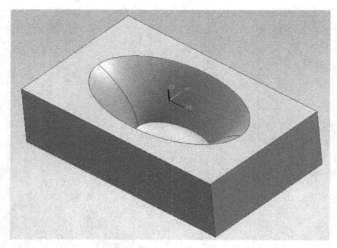

图 7-36　练习 7

项目 8　曲面加工区域驱动及清根

【　教　学　目　标　】

知识目标
✧ 理解 UG 曲面铣削中区域驱动和清根两种加工方法;
✧ 熟悉区域驱动和清根两种加工方法的特点;
✧ 掌握区域驱动和清根两种加工方法适用的场合。

能力目标
✧ 能够根据被加工零件的特点合理选用区域驱动和清根两种加工方法;
✧ 能够合理设置区域驱动中陡峭空间范围的定义方法;
✧ 能够恰当设置清根加工参数。

8.1　项 目 任 务

使用 UG 曲面加工方法,完成如图 8-1 所示任务零件的加工程序的编制。毛坯为 100 mm×100 mm×70 mm 的长方块,材料为 45 钢。

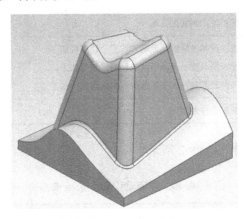

图 8-1　任务零件 8

8.2　相 关 知 识

8.2.1　区域驱动方法相关参数

在"固定轮廓铣"对话框中,将"驱动方法"中的"方法"选为"区域铣削"或者是单击"区域铣削"之后的图标 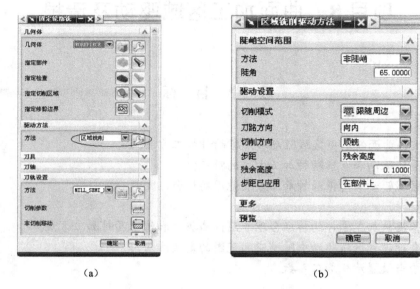，如图 8-2（a）所示，进入"区域铣削驱动方法"对话框后，参数如图 8-2（b）所示。

（a）　　　　　　　　　　　　　（b）

图 8-2　区域铣削驱动方法参数对话框

（1）"陡峭空间范围"的"方法"选项卡如表 8-1 所示。

表 8-1　"方法"选项卡

方法	根据部件表面的陡峭度限制切削区域
	无：不在刀轨上施加陡峭度限制，而是加工整个切削区域。
	非陡峭：只在部件表面角度小于陡角值的切削区域内加工。
	定向陡峭：只在部件表面角度大于陡角值的切削区域内加工
	软件计算各接触点的部件表面角

（2）"驱动设置"选项卡如表 8-2 所示。

表 8-2　"驱动设置"选项卡

切削模式	指定刀轨的形状以及刀具从一个刀路移动到另一个刀路的方式（切削模式不同后续参数略有不同）
切削方向	顺铣和逆铣允许根据主轴旋转定义"驱动轨迹"切削的方向。这些选项仅可用于"单向""单向轮廓"和"单向步进"切削类型 顺铣　　　　逆铣

续表

步距	控制连续切削刀路之间的距离。选定的切削模式决定可用的**步距**选项。 恒定：指定切削刀路之间的固定距离。 残余高度：指定切削刀路之间余留的材料高度。（从垂直于曲面轮廓铣操作的驱动曲面测量） %刀具平直：指定切削刀路之间的固定距离，以有效刀具直径（刀具底部平直部分）的百分比表示，例如： 刀具直径=10 mm 刀具拐角半径=2 mm 百分比=50% 步距=3 mm 例外：对于球头铣刀，使用整个直径。 变量平均值：允许使用介于指定的最小值和最大值之间的不同步距。 注：如果驱动曲面有刀具无法定位至底切区域，请勿使用残余高度选项。如使用，软件将显示一条出错消息，表明无法根据驱动曲面定位刀具
步距已应用	**在平面上** 测量垂直于刀轴的平面上的步距，它最适合非陡峭区域 **在部件上** 测量沿部件的步距，它最适合陡峭区域
切削角	当选择"用户定义"时，后面的"度"值指的是切削路线与 X 轴正方向的夹角（仅用于"平行线"切削模式）

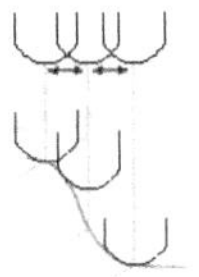

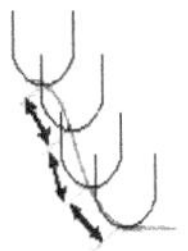

（3）"更多"选项卡如表 8-3 所示。

表 8-3 "更多"选项卡

区域连接	最小化发生在一个部件的不同切削区域之间的进刀、退刀和移刀运动数。系统针对以下情况建立了不同的切削区域：只有超出边界或余量值，刀具才能到达部件的每个位置。 注：仅跟随周边和轮廓切削模式
精加工刀路	在正常切削操作的末端添加精加工切削刀路，以便沿着边界进行追踪。 注：仅跟随周边、平行线、径向线和同心圆弧切削模式
切削区域	允许定义切削区域起点，并指定如何以图形显示切削区域以供视觉参考

8.2.2 清根驱动方法相关参数

在"固定轮廓铣"对话框中选择"驱动方法"为"清根"或者是单击"清根"之后的图标，如图 8-3（a）所示，进入"清根驱动方法"对话框后，参数设置情况如图 8-3（b）所示。

(a)

(b)

图 8-3　清根驱动方法参数对话框

（1）"驱动设置"选项卡如表 8-4 所示。

表 8-4　"驱动设置"选项卡

清根类型	单刀路	生成刀具沿凹角和凹部行进的一条切削刀路
	多个偏置	从中心清根任一侧或从内到外生成多条刀路。指定步距以定义刀路
	参考刀具偏置	从中心清根任一侧或从内到外生成多条刀路。 用较大刀具粗加工一个区域时，此选项对于粗加工之后的清理加工有用。指定参考刀具直径以定义要加工的区域的总宽度，指定步距距离以定义内部刀路。 当前操作中的较小刀具切除前一操作较大参考刀具无法进入的未切削区域中遗留的材料
切削模式		即走刀方式
切削方向	混合	根据需要沿顺铣或逆铣方向切削。混合切削方向不支持顺铣或逆铣切削方向
	顺铣	指定顺时针主轴旋转时，材料在刀具右侧
	逆铣	指定顺时针主轴旋转时，材料在刀具左侧
步距		可用于多条刀路和参考刀具偏置选项。 指定连续切削刀路之间的距离。"步距"沿部件表面测量。 注：对于切削区域来说，"清根"刀路能够最大限度减少提升，并维持相同数量的刀路。当切削区域宽度变化时，实际步距可能因此而不同于指定的步距值，但它仍然会保持在最大步距值范围内
顺序	由内向外	从中心刀路开始加工，朝外部刀路方向切削。然后刀具移动返回中心刀路，并朝相反侧切削
	由外向内	从外部刀路开始加工，朝中心方向切削。然后刀具移动至对侧的外部刀路，再次朝中心方向切削
	后　陡	从凹部的非陡峭侧开始加工
	先　陡	沿着从陡峭侧外部刀路到非陡峭侧外部刀路的方向加工
	由内向外变化	从中心刀路开始加工。刀具向外递进切削时交替进行多侧切削。如果一侧的偏移刀路较多，软件对交替侧进行精加工之后再切削这些刀路
	由外向内变化	从外部刀路开始加工。刀具向内递进切削时交替进行多侧切削。如果一侧的偏移刀路较多，软件对交替侧进行精加工之后再切削这些刀路

（2）"参考刀具"选项卡如表 8-5 所示。"参考刀具"选项在"清根类型"设置为"参考刀具偏置"时可用。

表 8-5 "参考刀具"选项卡

参考刀具直径	指定刀具直径，用于决定精加工切削区域的宽度。参考刀具通常是先前用于粗加工该区域的刀具。 注：输入的直径值必须大于当前使用的刀具的直径
重叠距离	将要加工区域的宽度沿剩余材料的相切面延伸指定的距离。 要加工区域的宽度由参考刀具直径定义。 注：应用的重叠距离值限制在刀具半径内

8.3 任 务 实 施

8.3.1 加工工艺分析

8.3.1.1 零件及加工方法分析

（1）此零件整体看四面侧壁较为陡峭，而上表面和下底面有陡峭的部分也有相对平坦的部分。如果使用型腔铣的方法来加工，加工效果不好。因为型腔铣削是通过切除的部位在深度方向上分成多个切削层进行切削，这样势必会使陡峭的部位加工质量较好而较为平坦的部位加工质量较差，并且很多部位陡峭和平坦并没有明确的分界线，从而造成零件的整体加工质量较差，不能满足其加工要求。所以，此零件的加工就不能用前面所学的知识来完成。本项目介绍曲面加工中的一种方法——曲面加工区域驱动。

（2）此零件的最小半径出现在侧壁与底面之间的圆角中，所以此最小圆角应该在最后单独加工，正好适用曲面加工中的清根方法。

为了在加工时能够根据零件的特点选择合适的刀具，必须还要对零件的圆角半径进行分析。

打开本书配套光盘中 renwu\ch08.prt 的任务零件文件，进入 UG 的加工模块，根据项目 1 的方法初始化 CAM 设置。执行"分析"→"最小半径"，然后选中零件侧面与底面的圆角面，如图 8-4 所示，单击"确定"，弹出如图 8-5 所示的"信息"对话框。从对话框中可知该零件的最小半径约为"1.9"，确定加工该零件所选最小刀具的直径为"3"。

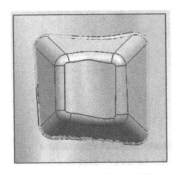

图 8-4 分析最小半径

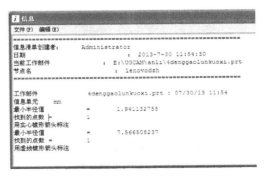

图 8-5 分析结果信息

8.3.1.2 确定加工工艺方案

任务加工工艺见表 8-6。

表 8-6 数控加工工艺卡片

数控加工工艺卡片			产品名称	零件名称	材　料	零件图号	
					45 钢		
工序号	程序编号	夹具名称	夹具编号	使用设备		车　间	
		虎钳					
工步号	工　步　内　容		刀具 类型	刀具直径 /mm	主轴转速 /（r·min⁻¹）	进给速度 /（mm·min⁻¹）	操作中 刀具名称	操作名称
1	一次开粗		平底刀	$\phi 12$	600	100	D12	1
2	二次开粗		平底刀	$\phi 8$	800	150	D8	2
3	半精加工顶面和底面		球刀	$\phi 8$	1000	300	B8	3
4	半精加工侧面							4，5
5	精加工顶面和底面		球刀	$\phi 6$	1500	400	B6	6
6	精加工侧面							7，8
7	精加工底面圆角		球刀	$\phi 3$	2000	600	B3	9

8.3.2　区域驱动加工方法创建

8.3.2.1　开粗程序

使用型腔铣加工方法，一次开粗每刀深度为 4 mm，二次开粗每刀深度为 1 mm。操作方法参照项目 7，此处不再介绍。

8.3.2.2　半精加工顶面和底面

1）创建加工坐标系及安全平面

将"操作导航器"切换至"几何视图"，双击"坐标系"即 MCS_MILL，弹出"Mill Orient"对话框，如图 8-6 所示。单击"CSYS 会话"，进入"CSYS"对话框，设置"参考"为"WCS"，如图 8-7 所示，单击"确定"，则设置好加工坐标系。

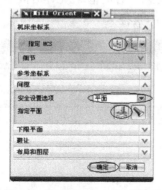

图 8-6　"Mill Orient"对话框

图 8-7　"CSYS"对话框

在"Mill Orient"对话框"间隙"下的"安全设置选项"中选择"平面"，单击"指定安全平面"即 ，随即弹出"平面构造器"对话框，如图 8-8 所示，选择零件最底部的平面，然后在"偏置"处输入"-75"，单击"确定"，则设置好安全平面。最后单击"Mill Orient"对话框的"确定"按钮。

2）创建几何体

双击"WORKPIECE"即 WORKPIECE，弹出"铣削几何体"对话框，如图 8-9 所示。单击"指定部件"，然后框选被加工零件，单击"确定"；单击"指定毛坯"，选择"自动块"，单击"确定"。

图 8-8 "平面构造器"对话框

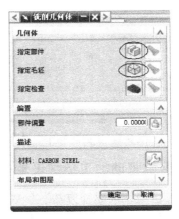

图 8-9 "铣削几何体"对话框

3）创建刀具

单击"创建刀具"即图标 ，弹出"创建刀具"对话框，如图 8-10 所示。设置"类型"为"mill_planar"、"刀具子类型"为"MILL"即 、"名称"为"D12"，单击"确定"，进入"铣刀-5 参数"对话框，在"直径"处输入"12"即可，如图 8-11 所示。

图 8-10 "创建刀具"对话框

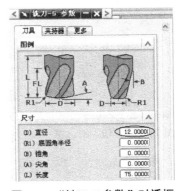

图 8-11 "铣刀-5 参数"对话框

以同样的方法分别创建平底刀 D8、球刀 B8、球刀 B6 和球刀 B3。

4）创建操作

单击"创建操作"即图标 ，在弹出的"创建操作"对话框中，"类型"设为"mill_contour"，"操作子类型"设为"FIXED_CONTOUR"即 ，"刀具"选择"D12"，"几何体"选择"WORKPIECE"，"方法"选择"MILL_SEMI_FINISH"，"名称"改为"3"，如图 8-12 所示。

单击"确定"按钮,进入"固定轮廓铣"对话框,如图 8-13 所示。单击"指定切削区域"即图标 ,选择除四个侧平面和一个底平面以外的所有曲面。

图 8-12 "创建操作"对话框

图 8-13 "固定轮廓铣"对话框

8.3.3 区域驱动加工参数设置

8.3.3.1 "区域铣削驱动方法"参数设定

在"驱动方法"中选择"区域铣削",进入"区域铣削驱动方法"对话框,如图 8-14 所

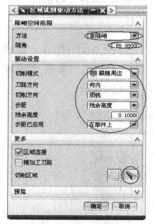

图 8-14 "区域铣削驱动方法"对话框

示。在"陡峭空间范围"的"方法"中选择"非陡峭"。在"陡角"中输入任意数值,并通过"切削区域"即图标 ,观察被加工零件的切削区域,调整陡角数值,直至切削区域包含了零件的上顶面(含周边圆角)和下底面,此时的陡角大约为65°,如图 8-15 所示。

在"驱动设置"下的"切削模式"选择"跟随周边","刀路方向"选择"向内","切削方向"设为"顺铣","步距"选择"残余高度",残余高度值为"0.1","步距已应用"选择"在部件上",如图 8-14 所示,单击"确定"按钮,返回"固定轮廓铣"对话框。

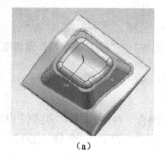

(a)

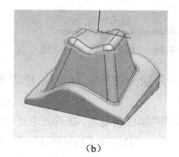

(b)

图 8-15 非陡峭切削区域

8.3.3.2　"刀轨设置"参数设定

1）"切削参数"设定

在"刀轨设置"下，单击"切削参数"即图标 ，弹出"切削参数"对话框，在"策略"选项卡中，"切削方向"设为"顺铣"，"刀路方向"设为"向内"，在"余量"选项卡中输入"部件余量"为"0.25"，其他余量为"0"，如图 8-16 所示。

（a）　　　　　　　　　　（b）

图 8-16　"切削参数"对话框

2）"非切削移动"参数设定

在"刀轨设置"下，单击"非切削移动"即图标 ，弹出"非切削移动"对话框，在"进刀"选项卡中，"进刀类型"设为"圆弧–平行于刀轴"，在"传递/快速"选项卡中，"安全设置选项"设为"使用继承的"，如图 8-17 所示。

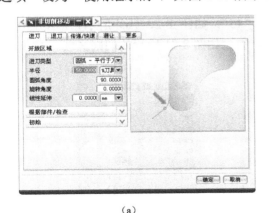

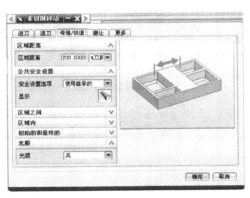

（a）　　　　　　　　　　（b）

图 8-17　"非切削移动"对话框

3）"进给和速度"参数设定

单击"进给和速度"即图标 ，弹出"进给和速度"对话框。按照表 8-6 所示，设置主轴转速和进给参数，单击"确定"按钮。单击"生成"即图标 ，生成刀路轨迹，然后单击"确定"完成此操作，生成的刀路轨迹如图 8-18 所示。

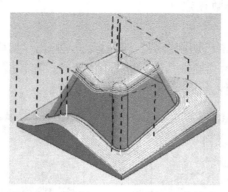

图 8-18 半精加工顶面和底面刀路轨迹

8.3.4 后续加工操作

8.3.4.1 半精加工侧面

至此工步 3 的操作完成，接下来需要完成工步 4 的内容。在"加工操作导航器"中，选

图 8-19 程序的复制与粘贴

择操作程序"3"，单击鼠标右键，依次选择"复制"和"粘贴"，如图 8-19 所示，并将操作程序名称改为"4"。

工步 4 要求的是半精加工零件的侧面，双击之前复制、粘贴的程序操作，进入编辑状态。单击"区域铣削驱动方法编辑"按钮，如图 8-20（a）所示，弹出"区域铣削驱动方法"对话框。因为是需要加工四周侧面，所以把"陡峭空间范围"中方法改为"定向陡峭"，"陡角"改为"30"；因为是加工侧面，所以"切削模式"改为"往复"，"切削角"改为"用户定义"，角度为"45"，如图 8-20（b）所示。单击"切削区域"即图标🖊，得到如图 8-21 所示的切削区域。

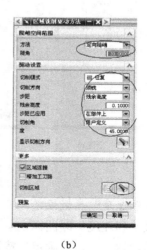

（a）   （b）

图 8-20 驱动方法参数的编辑

驱动参数修改完毕后，单击"确定"，返回"固定轮廓铣"对话框。按照表 8-6 所示，修改主轴转速和进给参数，然后单击"生成"即图标 🔧，生成刀路轨迹，然后单击"确定"完成此操作，生成的刀路轨迹如图 8-22 所示。

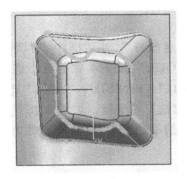

图 8-21　"陡角"为 30°、"切削角"为 45° 的切削区域

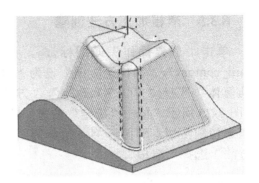

图 8-22　半精加工侧面刀路轨迹

由图 8-21 可知，第 4 步操作并不能完全完成对零件侧面的加工，还需要增加一步操作。复制并粘贴操作程序 4，并将操作程序名称改为"5"。将"区域铣削驱动方法"对话框中的"陡角"改为"50"，"切削角"参数改为"135"，如图 8-23 所示，单击"切削区域"即图标 🖉，得到如图 8-24 所示的切削区域。经过此操作之后，侧面的加工才完成。

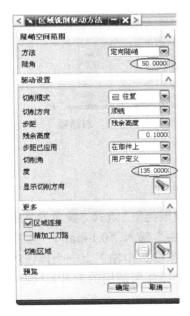

图 8-23　工步 4 操作 5 的参数修改

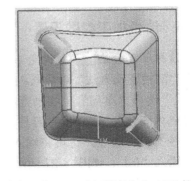

图 8-24　"陡角"为 50°、"切削角"为 135° 的切削区域

8.3.4.2　精加工顶面和底面及精加工侧面

在上面操作完成的基础上，进行工步 5 和工步 6 的加工，即零件顶面、底面和侧面的精加工。将操作 3、操作 4 和操作 5 复制并粘贴，并分别修改操作名称为"6""7"和"8"。分别修改所复制的操作的刀具、余量和残余高度。"刀具"改为"B6"，"余量"改为"0"，"残

余高度"改为"0.03"，按照表 8-6 所示修改主轴转速和进给参数，分别生成刀路轨迹。

到此该零件的加工只剩下侧面与底面的圆角没有加工了。接下来进行工步 7，精加工底面圆角。

8.3.5 清根加工方法创建

单击"创建操作"即图标 _{创建操作}，在弹出的"创建操作"对话框中，"类型"设为"mill_contour"，"操作子类型"设为"FIXED_CONTOUR"即 ⬇，"刀具"选择"B3"，"几何体"选择"WORKPIECE"，"方法"选择"MILL_FINISH"，"名称"改为"9"，如图 8-25 所示。单击"确定"按钮，进入"固定轮廓铣"对话框，如图 8-26 所示。单击"指定切削区域"即图标 ⬛，选择侧面与底面所形成的周边圆角曲面。"驱动方法"中的"方法"选择"清根"。

图 8-25 "创建操作"对话框

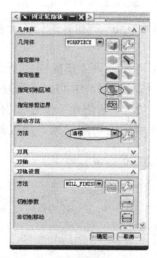

图 8-26 "固定轮廓铣"对话框

8.3.6 清根加工参数设置

1）"清根驱动方法"参数设定

进入"清根驱动方法"对话框。在"驱动设置"下的"清根类型"选择"参考刀具偏置"，"切削模式"选择"单向"，"切削方向"选择"顺铣"，"步距"输入"0.1 mm"，"顺序"选择"由外向内变化"。在"参考刀具"下的"参考刀具直径"参数中输入上一个操作所使用的刀具直径"6"（当然，也可将输入的直径值略大于上一个操作所使用的刀具），在"重叠距离"处输入"0.1"，如图 8-27 所示。

2）其他参数设定

单击图 8-27 中"确定"按钮重新返回"固定轮廓铣"对话框，如图 8-26 所示。"刀轨设置"下的"切削参数""非切削移动"参数的设置均可参考工步 6 和工步 7 的操作，按照表 8-6 工步 7 精加工底面圆角所示修改主轴转速和进给参数，进而生成刀路轨迹，如图 8-28 所示。

图 8-27　"清根驱动方法"对话框

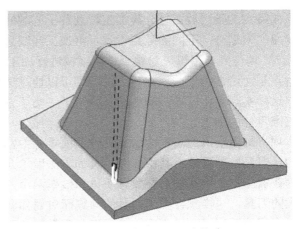

图 8-28　清根加工刀路轨迹

8.3.7　模拟仿真加工及后置处理

8.3.7.1　模拟仿真加工

同时选中所做的 9 个操作，单击鼠标右键，执行"刀轨"→"确认"，进入实体模拟仿真加工。在弹出的"刀轨可视化"对话框中，选择"2D 动态"，单击"选项"，进入"IPW 碰撞检查"对话框，勾选"碰撞时暂停"，然后单击"确定"。单击"播放"，仿真加工开始。得到如图 8-29 所示的仿真加工效果后，单击"刀轨可视化"对话框中的"比较"按钮，则可以清楚地看出结果零件跟部件之间的差别。

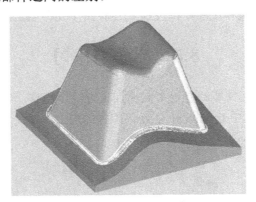

图 8-29　模拟仿真加工结果

8.3.7.2　后置处理

后置处理和项目 2 的后置处理方法相同。

8.4　项 目 总 结

8.4.1　加工方法总结

区域驱动加工是三维零件半精加工和精加工方法中的一种。它可以针对所选切削区域中具有不同特点的子区域进行分类加工。划分子区域的原则是按切削区域的倾斜角大小，即参数"陡角"来划分，不同的陡角设置可将加工区域划分为陡峭区域和非陡峭区域（即平坦区域）。当然，编程人员也可以对整个切削区域进行加工，这就需要用到区域铣削方法中的"无"，它的特点是无论被加工区域是什么情况都可以通过选择合理的切削模式（即走刀路线）完成加工。这样实际是将区域驱动方法又分为了三类子方法，因此区域驱动方法几乎可以适用于所有三维零件的加工。

本项目最后所用的清根方法是三维曲面零件中常用的，UG 对清根操作的划分类型是比较多的，但是本项目只将其中参考刀具的方法做了介绍，并没有对其他清根类型做介绍。这是因为在实际加工中往往需要兼顾质量和效率两个方面，在能保证质量的前提下更多的是采用更大的刀具，这样就会因为刀具的问题而对局部区域的加工造成影响。参考刀具清根的方法正好合理地解决了这一问题，既保证了质量又兼顾了效率。

8.4.2　加工工艺总结

从表 8-6 所示的工艺划分可以看出，本项目零件的加工主要分为粗加工、半精加工和精加工三种，但是具体的工步很多。

从提高加工的效率和快速去除余量角度看，粗加工时要尽可能使用大的刀具、大的进给和大的切深，但是由于零件结构复杂、局部尺寸较小，在开粗时，零件局部留有大量残料。因此在一次开粗之后要加上二次开粗，其主要目的就是在一次开粗的基础上均匀残料，并将尺寸较小的局部余量去除。

半精加工一般主要是用球头刀进一步去除余量、均匀余量，同时加工出零件的基本型面，最后的精加工则是保证质量和尺寸，以及加工之前操作没有加工到的局部。

8.5　思考与练习

（1）本项目案例利用区域驱动是否有其他加工方法？如有，应如何实现？

（2）完成本书配套光盘中 lianxi\8.prt 的练习零件的加工，如图 8-30 所示。毛坯为 60 mm×60 mm×40 mm 的长方块，材料为 45 钢。

图 8-30　练习 8

项目 9　曲面加工边界驱动

9.1　项 目 任 务

使用 UG 曲面加工方法，完成如图 9-1 所示任务零件的加工程序的编制。毛坯为 100 mm×127 mm×19 mm 的长方块，材料为 45 钢。

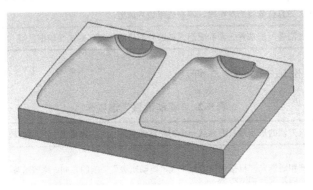

图 9-1　任务零件 9

9.2　相 关 知 识

下面详细介绍边界驱动方法相关参数。

在"固定轮廓铣"对话框中将"驱动方法"中的"方法"选为"边界"或者是单击"边界"之后的图标，如图 9-2（a）所示，进入"边界驱动方法"对话框后，参数如图 9-2（b）所示。

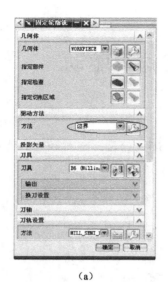

（a）　　　　　　　　　　　　　　　（b）

图 9-2　边界驱动方法参数对话框

（1）"驱动几何体""公差""偏置"和"空间范围"选项卡如表 9-1 所示。

表 9-1　"驱动几何体""公差""偏置"和"空间范围"选项卡

驱动几何体	可以指定边界以定义驱动几何体
公差	可以指定边界的内公差值和外公差值
边界偏置	可以指定沿边界遗留的材料量。 注：刀具位置设为对中时，不会应用边界偏置
空间范围	通过沿着所选部件表面和表面区域的外部边缘创建环来定义切削区域

（2）"驱动设置"选项卡如表 9-2 所示。

表 9-2　"驱动设置"选项卡

切削模式	指定刀轨的形状以及刀具从一个刀路移动到另一个刀路的方式（切削模式不同后续参数略有不同）
切削方向	顺铣和逆铣允许根据主轴旋转定义"驱动轨迹"切削的方向。这些选项仅可用于"单向""单向轮廓"和"单向步进"切削类型 顺铣　　　　　逆铣
刀路方向	用于跟随周边、同心和径向切削模式。 指定腔体加工方法，用于确定从内向外还是从外向内切削
步距	控制连续切削刀路之间的距离。步距选项会因所用的切削模式不同而有所不同（其含义同项目 8 中的步距）
切削角	当选择"用户定义"时，后面的"度"值指的是切削路线与 X 轴正方向的夹角（仅用于"平行线"切削模式）

（3）"更多"选项卡如表 9-3 所示。

表 9-3　"更多"选项卡

区域连接	最小化发生在一个部件的不同切削区域之间的进刀、退刀和移刀运动数。 系统针对以下情况建立了不同的切削区域：只有超出边界或余量值，刀具才能到达部件的每个位置	
边界逼近	通过转换、弯曲和切削将刀路变为更长的线段以减少处理时间	
岛清理	沿着岛插入一个附加刀路以移除可能遗留下来的所有多余材料 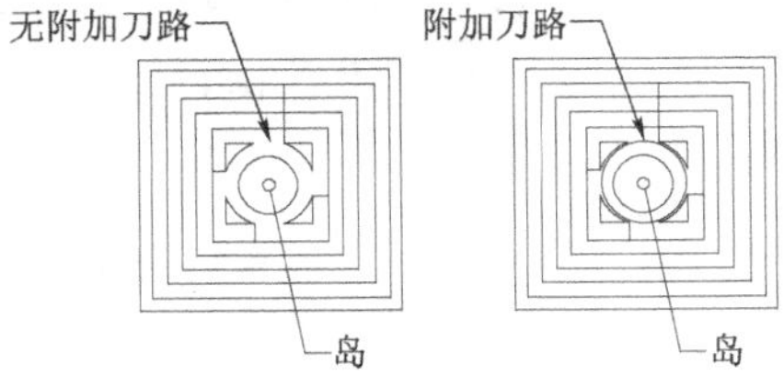 岛清理	
壁清理	移除沿部件壁出现的凸部	
精加工刀路	对标准驱动和"轮廓"切削模式不可用。 在正常切削操作结束处添加精加工切削刀路，以便沿着边界进行追踪。 "精加工刀路"有效会激活当前刀路的精加工余量值参数。在此处输入的"值"应该小于等于在"边界驱动方法"对话框中指定的"边界余量值"	
	精加工余量	精加工刀路的余量值

9.3　任务实施

9.3.1　加工工艺分析

9.3.1.1　零件及加工方法分析

（1）此零件为模具型腔零件。它的特点是型腔曲面曲率半径较大，比较平坦，但是在四周都有与水平面垂直的侧面。为了更好地加工此零件，本项目介绍另一种加工方法——曲面加工中的边界驱动方法。

在使用边界驱动方法的时候，可以通过捕捉型腔与上表面的轮廓边界来控制加工区域，通过合理设置边界偏置等加工参数来完成此零件的加工。

另外，此模具零件的瓶肩处曲面变化很大，而其他部分都相对平缓，如图 9-3 所示。考虑到最终加工的质量，需要针对瓶肩处一小块区域进行单独加工。加工瓶肩也需要通过边界驱动的方法来控制加工区域。

（2）此零件的最小半径出现在瓶口、瓶底与瓶身之间的圆角，所以此最小圆角应该在最后单独加工，可以使用项目 8 中介绍的清根驱动方法。

打开本书配套光盘中 renwu\ch09.prt 的任务零件文件。根据项目 8 的方法分析此零件的最小半径，从分析的结果可知该零件的最小半径出现在零件瓶口、瓶底与瓶身之间的圆角面，如图 9-4 所示。因为圆角半径为"1.5"，所以确定加工该零件所选刀具的直径为"2"。

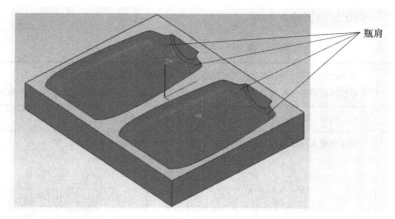

图 9-3 瓶肩

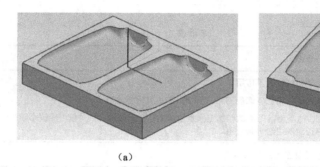

（a） （b）

图 9-4 零件的最小半径处

9.3.1.2 确定加工工艺方案

任务加工工艺见表 9-4。

表 9-4 数控加工工艺卡片

数控加工工艺卡片			产品名称	零件名称	材　料	零件图号		
					45 钢			
工序号	程序编号	夹具名称	夹具编号	使用设备		车　　间		
		虎钳						
工步号	工　步　内　容		刀具类型	刀具直径/mm	主轴转速/ (r·min⁻¹)	进给速度/ (mm·min⁻¹)	操作中刀具名称	操作名称
1	一次开粗		圆角刀	ϕ12R1	600	100	D12R1	1
2	二次开粗		圆角刀	ϕ8R1	800	150	D8R1	2
3	半精加工（跟随周边）		球　刀	ϕ6	1500	400	B6	3
4	半精加工（平行 45°）		球　刀	ϕ4	1800	400	B4	4
5	精加工（平行 135°）		球　刀	ϕ3	2000	600	B3	5
6	精加工（平行 0°）		球　刀	ϕ3	2000	600	B3	6
7	精加工瓶肩		球　刀	ϕ3	2000	600	B3	7
8	精加工圆角		球　刀	ϕ2	1800	500	B2	8

9.3.2 边界驱动加工方法创建

9.3.2.1 一次、二次开粗

开粗程序使用型腔铣加工方法，一次开粗每刀深度为 2 mm，二次开粗每刀深度为 0.8 mm，两次开粗中"切削参数"下"策略"选项卡中"切削顺序"改为"深度优先"。操作方法参照项目 7，此处不再介绍。

9.3.2.2 半精加工顶面和底面

1）创建加工坐标系及安全平面

将"操作导航器"切换至"几何视图"，双击"坐标系"即 MCS_MILL，弹出"Mill Orient"对话框，如图 9-5 所示。单击"CSYS 会话"，进入"CSYS"对话框，设置"参考"为"WCS"，如图 9-6 所示，单击"确定"，则设置好加工坐标系。

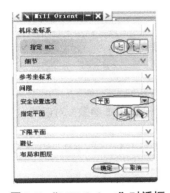

图 9-5 "**Mill Orient**"对话框　　　　**图 9-6** "**CSYS**"对话框

在"Mill Orient"对话框"间隙"下的"安全设置选项"中选择"平面"，单击"指定安全平面"即 ，随即弹出"平面构造器"对话框，如图 9-7 所示，选择零件最顶部的平面，然后在"偏置"处输入"3"，单击"确定"，则设置好安全平面。最后单击"Mill Orient"对话框的"确定"按钮。

2）创建几何体

双击"WORKPIECE"即 WORKPIECE，弹出"铣削几何体"对话框，如图 9-8 所示。单击"指定部件"，然后框选被加工零件，单击"确定"；单击"指定毛坯"，选择"自动块"，单击"确定"。

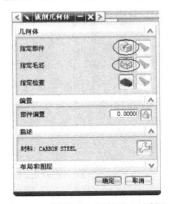

图 9-7 "**平面构造器**"对话框　　　**图 9-8** "**铣削几何体**"对话框

3）创建刀具

单击"创建刀具"即图标 创建刀具，弹出"创建刀具"对话框，如图 9-9 所示。设置"类型"为"mill_planar"、"刀具子类型"为"MILL"即 ，"名称"为"D12R1"，单击"确定"，进入"铣刀-5 参数"对话框，在"直径"处输入"12"，在"底圆角半径"处输入"1"，如图 9-10 所示。

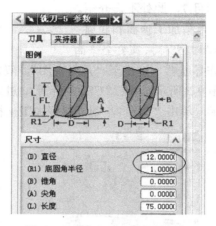

图 9-9 "创建刀具"对话框   图 9-10 "铣刀-5 参数"对话框

以同样的方法分别创建圆角刀 D8R1、球刀 B6、球刀 B4、球刀 B3 和球刀 B2。

4）创建操作

单击"创建操作"即图标 创建操作，在弹出的"创建操作"对话框中，"类型"设为"mill_contour"，"操作子类型"设为"FIXED_CONTOUR"即 ，"刀具"选择"D12R1"，"几何体"选择"WORKPIECE"，"方法"选择"MILL_SEMI_FINISH"，"名称"改为"3"，如图 9-11 所示。单击"确定"按钮，进入"固定轮廓铣"对话框，如图 9-12 所示。单击"指定切削区域"即图标 ，选择除平面以外的所有曲面。

图 9-11 "创建操作"对话框图   图 9-12 "固定轮廓铣"对话框

9.3.3　边界驱动加工参数设置

9.3.3.1　"边界驱动方法"参数设定

"驱动方法"中的"方法"选择为"边界",进入"边界驱动方法"对话框,如图 9-13 所示。在"指定驱动几何体"中单击图标,进入"边界几何体"对话框,在"模式"处选择"面",去除"忽略孔"前方框中的勾,如图 9-14 所示。选择零件的上表面,单击"后退",进入"编辑边界"对话框,选中零件上表面最外围的矩形框,单击按钮"移除",如图 9-15 所示。单击"确定",完成驱动几何体的设置,返回"边界驱动方法"对话框。

图 9-13 "边界驱动方法"对话框　　图 9-14 "边界几何体"对话框　　图 9-15 "编辑边界"对话框

在"驱动设置"下的"切削模式"选择"跟随周边","刀路方向"选择"向内","切削方向"为"顺铣","步距"选择"残余高度",残余高度值为"0.08",如图 9-13 所示。单击"确定"按钮,返回"固定轮廓铣"对话框。

9.3.3.2　"刀轨设置"参数设定

1)"切削参数"设定

在"刀轨设置"下,单击"切削参数"即图标,弹出"切削参数"对话框,在"策略"选项卡中,"切削方向"设为"顺铣","刀路方向"设为"向内",如图 9-16(a)所示,在"余量"选项卡中输入"部件余量"为"0.25",其他余量为"0",如图 9-16(b)所示。

(a)　　　　　　　　　　(b)

图 9-16 "切削参数"对话框

2）"非切削移动"参数设定

在"刀轨设置"下，单击"非切削移动"即图标▥，弹出"非切削移动"对话框，在"进刀"选项卡中，"进刀类型"设为"圆弧-平行于刀轴"，在"传递/快速"选项卡中，"安全设置选项"设为"使用继承的"，如图9-17所示。

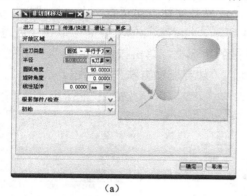
（a）

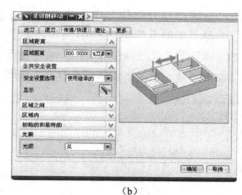
（b）

图9-17 "非切削移动"对话框

3）"进给和速度"参数设定

单击"进给和速度"即图标█，弹出"进给和速度"对话框。按照表9-4所示，设置主轴转速和进给参数，单击"确定"按钮。单击"生成"即图标█，生成刀路轨迹，然后单击"确定"完成此操作，生成的刀路轨迹如图9-18所示。

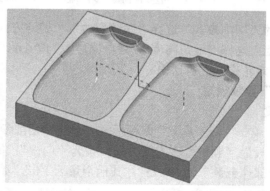

图9-18 工步3加工刀路轨迹

9.3.4 后续加工操作

9.3.4.1 半精加工（平行45°）

至此工步3的操作完成，接下来就需要完成工步4的内容。在"加工操作导航器"中，选择操作程序"3"，单击鼠标右键，依次选择"复制"和"粘贴"，如图9-19所示，并将操作程序名称改为"4"。

双击之前复制、粘贴的操作程序4或右键单击程序4，选择"编辑"，进入参数编辑状态。单击"边界驱动方法编辑"按钮█，如

图9-19 程序的复制与粘贴

图 9-20（a）所示，弹出"边界驱动方法"对话框，设置"切削模式"为"往复"、"残余高度"为"0.03"、"切削角"为"用户定义"、"度"为"45"，如图 9-20（b）所示。

（a）　　　　　　　　　　　　　　（b）

图 9-20　驱动方法参数的编辑

　　驱动参数修改完毕后，单击"确定"，返回"固定轮廓铣"对话框。单击"切削参数"进入"余量"选项卡，将"部件余量"改为"0.1"。按照表 9-4 所示，选择直径为"4"的球刀并修改主轴转速和进给参数。单击"生成"即图标 ，生成刀路轨迹，然后单击"确定"完成此操作，生成的刀路轨迹如图 9-21 所示。

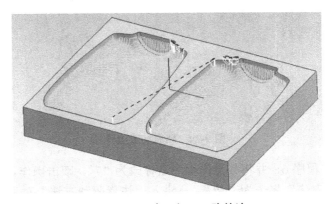

图 9-21　工步 4 加工刀路轨迹

9.3.4.2　精加工（平行 135° 和平行 0°）

　　工步 5、工步 6 参照工步 4 的方法进行"复制"和"粘贴"，并将其操作名称分别改为"5"和"6"。操作程序 5 中，将"边界驱动方法"对话框中的"残余高度"和"切削角"分别改为"0.02"和"135"，其他参数不变。操作程序 6 中，将"边界驱动方法"对话框中的"残余高度"和"切削角"分别改为"0.01"和"0"，其他参数不变。

　　操作 5 和操作 6 中"切削参数"下的"余量"选项卡中的"部件余量"均设置为"0"，并按照表 9-4 中工步 5 和工步 6 所示，修改刀具类型、主轴转速和进给参数。生成的刀路轨迹如图 9-22 和图 9-23 所示。

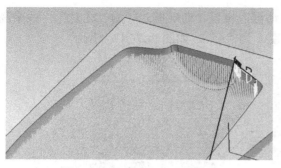 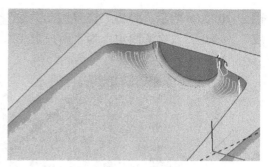

图 9-22　工步 5 加工刀路轨迹　　　　　图 9-23　工步 6 加工刀路轨迹

9.3.4.3　精加工瓶肩

前面 6 个操作完成之后，通过仿真加工观察结果，发现瓶子的肩部加工质量不好而其他区域除了最小圆角以外的加工质量都比较理想，所以在进行最后的清根加工之前，还需要对瓶子肩部这一局部区域进行重点加工。

要想加工区域只在想要加工的瓶肩部位而不在其他地方产生刀路，就需要通过曲线划定一个界线，而这个界线内只包含瓶肩部位，并可以运用边界驱动加工方法。瓶肩加工的边界如图 9-24 所示。

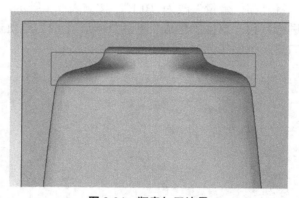

图 9-24　瓶肩加工边界

复制、粘贴操作程序 6，并将其操作程序名称改为"7"。双击操作，进入程序编辑状态，"驱动方法"中的"方法"将选为"边界"，进入"边界驱动方法"对话框。"驱动几何体"选择图 9-24 中所划定的矩形边界，注意正确设定"材料侧"，如图 9-25 所示。

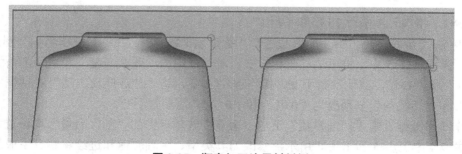

图 9-25　瓶肩加工边界材料侧

设置"切削模式"为"往复"、"残余高度"为"0.01"、"切削角"为"用户定义"、"度"为"90"，并按照表 9-4 中工步 7 所示，修改刀具类型、主轴转速和进给参数。生成的刀路轨迹如图 9-26 所示。

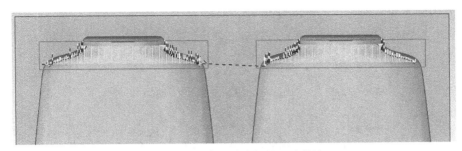

图 9-26　工步 7 瓶肩加工刀路轨迹

9.3.4.4　精加工圆角

单击"创建操作"即图标，在弹出的"创建操作"对话框中，"类型"设为"mill_contour"，"操作子类型"设为"FIXED_CONTOUR"即，"刀具"选择"B2"，"几何体"选择"WORKPIECE"，"方法"选择"MILL _FINISH"，"名称"改为"8"。单击"确定"按钮，进入"固定轮廓铣"对话框。单击"指定切削区域"即图标，选择侧面与底面所形成的周边圆角曲面。将"驱动方法"中的"方法"选为"清根"。进入"清根驱动方法"对话框。在"驱动设置"下的"清根类型"选择"参考刀具偏置"，"切削模式"选择"单向"，"切削方向"选择"顺铣"，"步距"输入"0.08 mm"，"顺序"选择"由外向内变化"。在"参考刀具"下的"参考刀具直径"参数中输入刀具直径"3.5"（本来应该输入上一步操作所用的刀具，但是综合考虑刀具直径与切削区域的大小，输入"3.5"能更好地完成本步加工），在"重叠距离"处输入"0.05"。按照表 9-4 工步 8 所示修改主轴转速和进给参数，进而生成刀路轨迹，如图 9-27 所示。

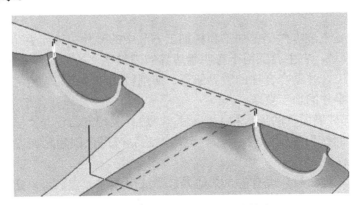

图 9-27　工步 8 部分加工刀路轨迹

9.3.5　模拟仿真加工及后置处理

9.3.5.1　模拟仿真加工

同时选中所做的 8 个操作，单击鼠标右键，执行"刀轨"→"确认"，进入实体模拟仿真加工。在弹出的"刀轨可视化"对话框中，选择"2D 动态"，单击"选项"，进入"IPW 碰撞检查"对话框，勾选"碰撞时暂停"，然后单击"确定"。单击"播放"，仿真加工开始。得到如图 9-28 所示的仿真加工效果后，单击"刀轨可视化"对话框中的"比较"按钮，则可以清楚地看出结果零件跟部件之间的差别。

图 9-28　模拟仿真加工结果

9.3.5.2　后置处理

后置处理和项目 2 的后置处理方法相同。

9.4　项　目　总　结

9.4.1　加工方法总结

边界驱动加工是三维零件半精加工和精加工方法中的一种。边界驱动方式允许通过指定"边界"定义切削区域。它主要适用于有明确边界的三维零件的加工，通过捕捉有效的边界，对特定部位进行加工，并结合合理的边界偏置、切削模式和步距的设定完成零件的半精加工和精加工，以达到零件的加工要求。

"边界"与"部件表面"的形状和大小无关。"边界驱动方法"与"平面铣"的工作方式大致相同，与"平面铣"不同的是，"边界驱动方法"可用来创建允许刀具沿着复杂表面轮廓移动的精加工操作。

边界可以由一系列曲线、现有的永久边界、点或面创建。它们可以定义切削区域外部，如岛和腔体，可以为每个边界成员指定"对中""相切"或"接触"刀具位置属性。边界可以超出"部件表面"的大小范围，也可以在"部件表面"内限制一个更小的区域，还可以与"部件表面"的边重合。

9.4.2　加工工艺总结

曲面加工时，为了满足粗加工的需要，所使用的开粗刀具不只是平底刀，并且很多时候使用的不是平底刀而是圆角刀（又叫牛鼻刀）。和平底刀相比，圆角刀刀尖有圆角，刀尖强度更好，更适合粗加工大进给和大切深的需要，同时也更适合高速加工。

9.5　思考与练习

完成本书配套光盘中 lianxi\9.prt 的练习零件的加工，如图 9-29 所示。毛坯为 80 mm×80 mm×27 mm 的长方块（所有表面已加工），材料为 45 钢。

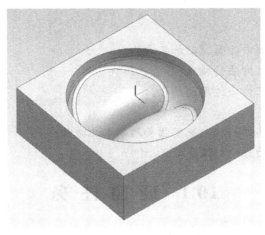

图 9-29　练习 9

项目 10   曲面加工曲面驱动

{ 教 学 目 标 }

知识目标

✧ 理解 UG 曲面铣削中曲面驱动加工方法；

✧ 熟悉曲面驱动加工方法的特点；

✧ 掌握曲面驱动加工方法适用的场合。

能力目标

✧ 能够根据被加工零件的特点选用曲面驱动加工方法；

✧ 能够恰当设置曲面驱动加工参数。

10.1   项 目 任 务

使用 UG 曲面加工方法，完成如图 10-1 所示任务零件的加工程序的编制。毛坯为 150 mm×90 mm×40 mm 的长方块，长方块 6 个表面都已加工到位，材料为 45 钢。

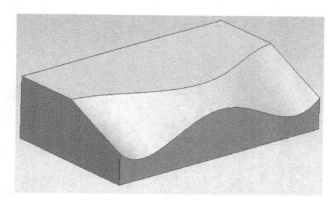

图 10-1   任务零件 10

10.2   相 关 知 识

下面详细介绍曲面驱动方法相关参数。

在"固定轮廓铣"对话框中将"驱动方法"中的"方法"选为"曲面"或者是单击"曲面"之后的图标 ，如图 10-2（a）所示，进入"曲面驱动方法"对话框后，参数如图 10-2（b）所示。

(a)　　　　　　　　　　　　　(b)

图 10-2　曲面驱动方法参数对话框

（1）"驱动几何体"和"偏置"选项卡如表 10-1 所示。

表 10-1　"驱动几何体"和"偏置"选项卡

驱动几何体	指定定义驱动几何体的面
切削区域	定义将在操作中使用总驱动表面积中的多少。这些选项只在指定驱动几何体后可用
刀具位置	指定刀具位置以决定软件如何计算部件表面的接触点。从以下选项中选择： 刀轨沿指定的投影矢量投影到部件上之前，将刀尖定位在每个驱动点上。 相切在将刀轨沿指定的投影矢量投影到部件上之前，定位刀具使其在每个驱动点上相切于驱动曲面。 注：当刀具不能进入驱动曲面的所有区域（例如圆锥的底部）时，或者当驱动曲面法线的变化不平滑时，建议不要使用"相切"
切削方向	指定第一刀开始的切削方向和象限。 选择在各个曲面拐角处成对出现的矢量箭头之一 驱动曲面 该矢量将生成 此切削方向 第一刀切削 步进
材料反向	反向驱动曲面材料侧的方向矢量
曲面偏置	指定沿曲面法向偏置驱动点的距离

（2）"驱动设置"选项卡如表 10-2 所示。

表 10-2　"驱动装置"选项卡

切削模式	指定刀轨的形状以及刀具从一个刀路移动到另一个刀路的方式（切削模式不同后续参数略有不同）
步距	控制连续切削刀路之间的距离。步距选项会因所用的切削类型不同而有所不同。 数量允许指定步距的总数。或者指定步距之间的最大距离。 残余高度允许指定最大许用残余高度

续表

步距	残余高度	指定垂直于驱动曲面测出的最大许用残余高度
	水平限制百分比	将垂直于投影矢量的刀具运动限制在刀具直径的百分比内。 使用水平限制百分比防止水平或几乎水平曲面上的大步距
	竖直限制百分比	将平行于投影矢量的刀具运动限制在刀具直径的百分比内。 使用竖直限制百分比防止竖直或几乎竖直曲面上的大步距
	可结合使用、单独使用或不使用水平限制百分比和竖直限制百分比。如果将这些值设置为零，则不会使用它们。 注：如果驱动曲面有刀具无法定位到的底切区域，请勿使用残余高度选项。如使用，软件将显示一条出错消息，指示无法根据驱动曲面定位刀具	

（3）"更多"选项卡如表 10-3 所示。

表 10-3 "更多"选项卡

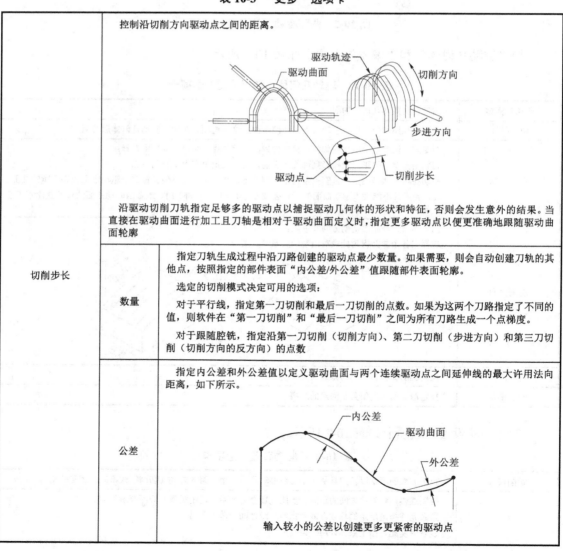

切削步长		控制沿切削方向驱动点之间的距离。 沿驱动切削刀轨指定足够多的驱动点以捕捉驱动几何体的形状和特征，否则会发生意外的结果。当直接在驱动曲面进行加工且刀轴是相对于驱动曲面定义时，指定更多驱动点以便更准确地跟随驱动曲面轮廓
	数量	指定刀轨生成过程中沿刀路创建的驱动点最少数量。如果需要，则会自动创建刀轨的其他点，按照指定的部件表面"内公差/外公差"值跟随部件表面轮廓。 选定的切削模式决定可用的选项： 对于平行线，指定第一刀切削和最后一刀切削的点数。如果为这两个刀路指定了不同的值，则软件在"第一刀切削"和"最后一刀切削"之间为所有刀路生成一个点梯度。 对于跟随腔铣，指定沿第一刀切削（切削方向）、第二刀切削（步进方向）和第三刀切削（切削方向的反方向）的点数
	公差	指定内公差和外公差值以定义驱动曲面与两个连续驱动点之间延伸线的最大许用法向距离，如下所示。 输入较小的公差以创建更多更紧密的驱动点

10.3　任务实施

10.3.1　加工工艺分析

10.3.1.1　零件及加工方法分析

此零件的加工型面并不复杂，在此不做过多说明。任务零件文件见本书配套光盘中 renwu\ch10.prt。

10.3.1.2　确定加工工艺方案

任务加工工艺见表 10-4。

表 10-4　数控加工工艺卡片

数控加工工艺卡片			产品名称	零件名称	材　料	零件图号		
					45 钢			
工序号	程序编号	夹具名称	夹具编号	使用设备		车　间		
		虎钳						
工步号	工　步　内　容		刀具类型	刀具直径 /mm	主轴转速 / (r·min⁻¹)	进给速度 / (mm·min⁻¹)	操作中刀具名称	操作名称
1	一次开粗		圆角刀	ϕ12R1	600	100	D12R1	1
2	二次开粗		圆角刀	ϕ12R1	600	100	D12R1	2
3	半精加工		球　刀	ϕ6	1500	400	B6	3
4	精加工		球　刀	ϕ6	1800	400	B6	4

10.3.2　边界驱动加工方法创建

10.3.2.1　一次开粗、二次开粗

开粗程序使用型腔铣加工方法，一次开粗每刀深度为 6 mm，二次开粗每刀深度为 1 mm，两次开粗中"切削参数"下"策略"选项卡中"切削顺序"均为"深度优先"。操作方法参照项目 7，此处不再介绍。

10.3.2.2　半精加工

1）创建加工坐标系及安全平面

将"操作导航器"切换至"几何视图"，双击"坐标系"即 MCS_MILL，弹出"Mill Orient"对话框，如图 10-3 所示。单击"CSYS 会话"，进入"CSYS"对话框，设置"参考"为"WCS"，如图 10-4 所示，单击"确定"，则设置好加工坐标系。

在"Mill Orient"对话框"间隙"下的"安全设置选项"中选择"平面"，单击"指定安全平面"即，随即弹出"平面构造器"对话框，如图 10-5 所示，选择零件顶部平面，然后在"偏置"处输入"3"，单击"确定"，则设置好安全平面。最后单击"Mill Orient"对话框的"确定"按钮。

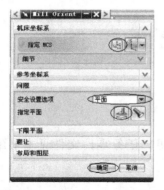

图 10-3 "Mill Orient"对话框

图 10-4 "CSYS"对话框

2）创建几何体

双击"WORKPIECE"即 WORKPIECE，弹出"铣削几何体"对话框，如图 10-6 所示。单击"指定部件"，然后框选被加工零件，单击"确定"；单击"指定毛坯"，选择"自动块"，单击"确定"。

图 10-5 "平面构造器"对话框

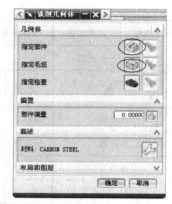

图 10-6 "铣削几何体"对话框

3）创建刀具

单击"创建刀具"即图标 创建刀具，弹出"创建刀具"对话框，如图 10-7 所示。设置"类型"为"mill_planar"、"刀具子类型"为"MILL"即 、"名称"为"D12R1"，单击"确定"，进入"铣刀-5 参数"对话框，在"直径"处输入"12"，在"底圆角半径"处输入"1"，如图 10-8 所示。

图 10-7 "创建刀具"对话框

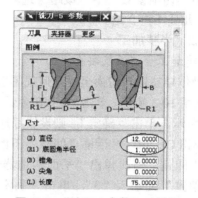

图 10-8 "铣刀-5 参数"对话框

以同样的方法创建球刀 B6。

4）创建操作

单击"创建操作"即图标，在弹出的"创建操作"对话框中，"类型"设为"mill_contour"，"操作子类型"设为"FIXED_CONTOUR"即，"刀具"选择"B6"，"几何体"选择"WORKPIECE"，"方法"选择"MILL_SEMI_FINISH"，"名称"改为"3"，如图 10-9 所示。单击"确定"按钮，进入"固定轮廓铣"对话框，如图 10-10 所示。单击"指定切削区域"即图标，选择除平面以外的所有曲面。"驱动方法"中的"方法"选择"曲面"。

10.3.3　曲面驱动加工参数设置

10.3.3.1　"曲面驱动方法"参数设定

进入"曲面驱动方法"对话框，如图 10-11 所示。在"指定驱动几何体"中单击图标，进入"驱动几何体"对话框，在"过滤方法"处选择"面"，如图 10-12 所示。选择零件上的曲面，如图 10-13 所示。单击"确定"，完成驱动几何体的设置，返回"曲面驱动方法"对话框。

图 10-9　"创建操作"对话框

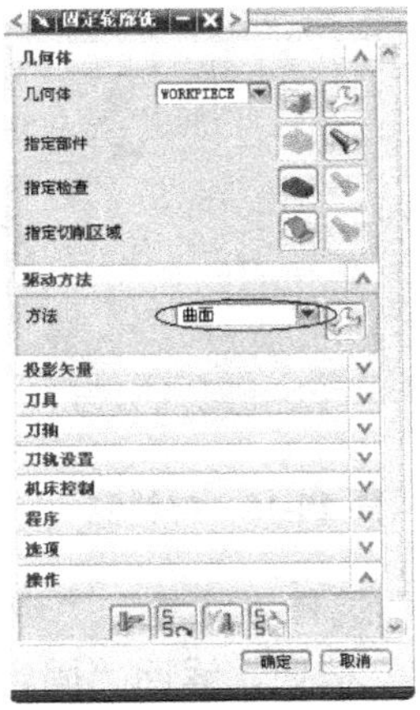

图 10-10　"固定轮廓铣"对话框

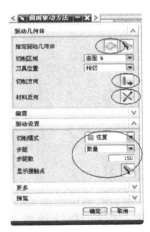

图 10-11　"曲面驱动方法"对话框

图 10-12　"驱动几何体"对话框

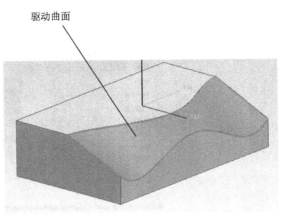

驱动曲面

图 10-13　驱动曲面

"切削区域"选择"曲面%","刀具位置"选择"相切",如图 10-11。单击"切削方向"图标，用鼠标选择图 10-14 所示的箭头。单击"材料反向"图标，确保材料方向朝外（如果材料方向已朝外，则不要单击"材料反向"图标），如图 10-15 所示。

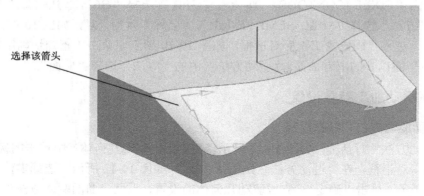

选择该箭头

图 10-14　切削方向

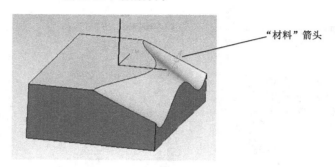

"材料"箭头

图 10-15　材料侧

在"驱动设置"下的"切削模式"选择"往复"，"步距"选择"数量"，"步距数"输入"150"，如图 10-11 所示。单击"确定"按钮，返回"固定轮廓铣"对话框。

10.3.3.2　"刀轨设置"参数设定

1）"切削参数"设定

在"刀轨设置"下，单击"切削参数"即图标，弹出"切削参数"对话框，在"余量"选项卡中输入"部件余量"为"0.1"，其他余量为"0"，如图 10-16 所示。

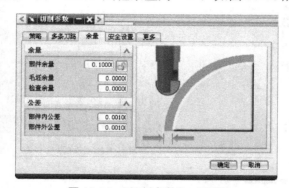

图 10-16　"切削参数"对话框

2）"非切削移动"参数设定

在"刀轨设置"下，单击"非切削移动"即图标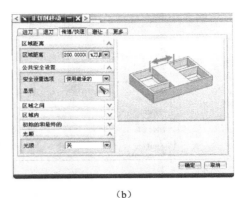，弹出"非切削移动"对话框，在"进刀"选项卡中，"进刀类型"设为"圆弧–平行于刀轴"，在"传递/快速"选项卡中，"安全设置选项"设为"使用继承的"，如图 10-17 所示。

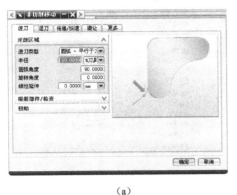

（a）　　　　　　　　　　　　　　　　　（b）

图 10-17　"非切削移动"对话框

3）"进给和速度"参数设定

单击"进给和速度"即图标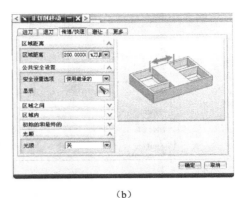，弹出"进给和速度"对话框。按照表 10-4 所示，设置主轴转速和进给参数，单击"确定"按钮。单击"生成"即图标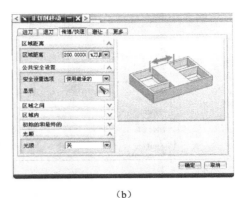，生成刀路轨迹，然后单击"确定"完成此操作，生成的刀路轨迹如图 10-18 所示。

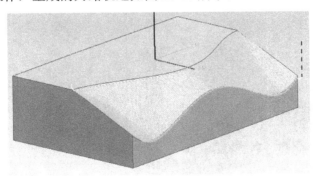

图 10-18　工步 3 加工刀路轨迹

10.3.4　后续加工操作

至此工步 3 的操作完成，接下来需要完成工步 4 精加工的内容。在"加工操作导航器"中，选择操作程序"3"，单击鼠标右键，依次选择"复制"和"粘贴"，如图 10-19 所示，并将操作程序名称改为"4"。

双击之前复制、粘贴的操作程序 4 或右键单击程序 4，选择"编辑"，进入参数编辑状态。单击"曲面驱动方法编辑"按钮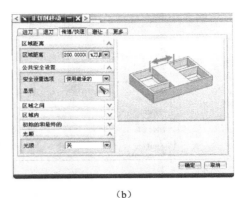，如图 10-20（a）所示，弹出"曲面驱动方法"对话框，设置"步

图 10-19　程序的复制与粘贴

距"为"残余高度","残余高度"为"0.01",如图 10-20(b)所示。

(a)　　　　　　　　　　　　　　(b)

图 10-20　驱动方法参数的编辑

驱动参数修改完毕后,单击"确定",返回"固定轮廓铣"对话框。单击"切削参数"进入"余量"选项卡,将"部件余量"改为"0"。按照表 10-4 所示,修改主轴转速和进给参数。然后单击"生成"即图标，,生成刀路轨迹,然后单击"确定"完成此操作,生成的刀路轨迹如图 10-21 所示。

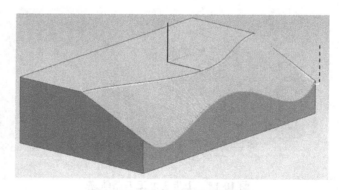

图 10-21　工步 4 加工刀路轨迹

10.3.5　模拟仿真加工及后置处理

10.3.5.1　模拟仿真加工

同时选中所做的 4 个操作,单击鼠标右键,执行"刀轨"→"确认",进入实体模拟仿真加工。在弹出的"刀轨可视化"对话框中,选择"2D 动态",单击"选项",进入"IPW 碰撞检查"对话框,勾选"碰撞时暂停",然后单击"确定"。单击"播放",仿真加工开始。得到如图 10-22 所示的仿真加工效果后,单击"刀轨可视化"对话框中的"比较"按钮,则可以清楚地看出结果零件跟部件之间的差别。

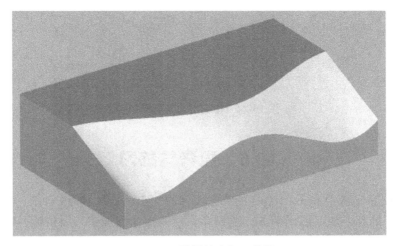

图 10-22　模拟仿真加工结果

10.3.5.2　后置处理

后置处理和前面项目的后置处理方法相同。

10.4　项　目　总　结

针对加工方法进行如下总结：

曲面驱动铣削是三维零件半精加工和精加工方法中重要的一种。它主要适用于加工具有特定曲面的三维零件，和边界驱动有些类似，只不过曲面驱动是通过捕捉相应加工曲面来控制铣削区域的，并结合合理的切削方向、材料方向、切削模式（即走刀方式）和步距的设定完成零件的半精加工和精加工，以达到零件的加工要求。

"驱动曲面"不必是平面，但是其栅格必须按一定的栅格行序或列序进行排列。相邻的曲面必须共享一条公共边，且不能包含超出在"首选项"菜单下"选择"中定义的"链公差"的缝隙。可以使用修剪过的曲面来定义"驱动曲面"，只要修剪过的曲面具有四个边即可。修剪过的曲面的每个边可以是单个边缘曲线，也可以由多条相切的边缘曲线组成，这些相切的边缘曲线可以被视为单条曲线，如图 10-23 所示。

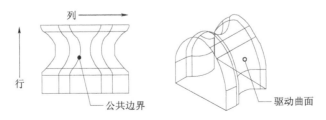

图 10-23　行和列均匀排列的矩形栅格

"曲面驱动方法"不会接受排列在不均匀的行和列中的"驱动曲面"或具有超出"链公差"的缝隙的"驱动曲面"，如图 10-24 所示。

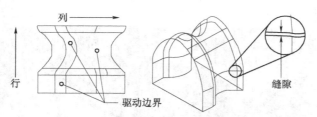

图 10-24　排列不均匀的行和列

10.5　思考与练习

完成本书配套光盘中 lianxi\10.prt 的练习零件的加工，如图 10-25 所示。毛坯为 90 mm×90 mm×65 mm 的长方块（四周倒 R25 的圆角，所有表面已加工），材料为 45 钢。

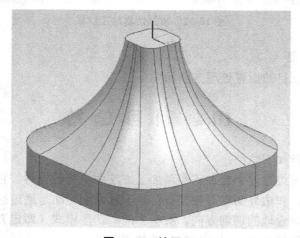

图 10-25　练习 10

项目 11　三维加工综合实例 1

⊱ 教 学 目 标 ⊰

知识目标

◆ 能够综合运用三维零件的自动编程知识。

能力目标

◆ 能够根据零件特点正确选用 UG 铣削各种方法完成三维零件的综合加工。

11.1　项 目 任 务

完成如图 11-1 所示任务零件的加工程序的编制。毛坯为 120 mm×120 mm×61 mm 的长方块（四周及底面已加工），材料为 45 钢。

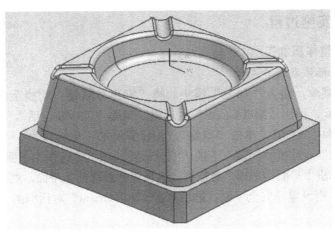

图 11-1　任务零件 11

11.2　任 务 实 施

11.2.1　加工工艺分析

11.2.1.1　零件分析

此任务零件包含了平面、三维型腔和三维外形等的加工。分析发现，三维外形与底面几乎没有圆角，三维型腔的底面也是平面，所以此任务除了用到三维加工方法外还要用到面铣削方法。

打开本书配套光盘中 renwu\ch11.prt 的任务零件文件，进入 UG 的加工模块，根据项目 1 的方法初始化 CAM 设置。

11.2.1.2　确定加工工艺方案

任务加工工艺见表 11-1。

表 11-1　数控加工工艺卡片

数控加工工艺卡片			产品名称	零件名称	材　料	零件图号		
					45 钢			
工序号	程序编号		夹具名称	夹具编号	使用设备		车　间	
			虎钳					
工步号	工　步　内　容		刀具类型	刀具直径 /mm	主轴转速 /(r·min⁻¹)	进给速度 /(mm·min⁻¹)	操作中刀具名称	操作名称
1	零件整体粗加工		圆角刀	ϕ12R1	600	100	D12R1	1
2	零件整体半精加工		球　刀	ϕ6	1500	400	B6	2
3	精加工顶面、型腔底面和台阶面		平底刀	ϕ16	550	100	D16	3
4	零件整体精加工		球　刀	ϕ6	1500	400	B6	4

11.2.2　任务实施过程

11.2.2.1　零件整体粗加工

1）创建加工坐标系及安全平面

单击"开始"菜单，进入"加工"模块。将"操作导航器"切换至"几何视图"，双击"坐标系"即 MCS_MILL，弹出"Mill Orient"对话框。单击"CSYS 会话"，进入"CSYS"对话框。选择"参考"为"WCS"，单击"确定"，则设置好加工坐标系。

在"Mill Orient"对话框"间隙"下的"安全设置选项"中选择"平面"，单击"指定安全平面"即，随即弹出"平面构造器"对话框，选择零件最顶部的平面，然后在"偏置"处输入"5"，单击"确定"，则设置好安全平面。最后单击"Mill Orient"对话框的"确定"按钮。

2）创建几何体

双击"WORKPIECE"即 WORKPIECE，弹出"铣削几何体"对话框。单击"指定部件"，然后选定被加工的部件零件，单击"确定"；单击"指定毛坯"，选择自动块，单击"确定"。

3）创建刀具

单击"创建刀具"即图标，弹出"创建刀具"对话框。设置"类型"为"mill_planar"、"刀具子类型"为"MILL"即、"名称"为"D16"，单击"确定"，进入"铣刀参数"对话框，在"直径"处输入"16"，单击"确定"即可。以类似的方法创建圆角刀 D12R1 和球刀 B6。

4）创建操作

单击"创建操作"即图标，在弹出的"创建操作"对话框中，"类型"设为"mill_contour"、"操作子类型"设为"CAVITY_MILL"即，"刀具"选择"D12R1"，"几何体"选择"WORKPIECE"，"方法"选择"MILL_ROUGH"，"名称"改为"1"，如图 11-2 所示。单击"确定"按钮，进入"型腔铣"对话框，如图 11-3 所示。

图 11-2　"创建操作"对话框

图 11-3　"型腔铣"对话框

5）设置参数

（1）指定切削区域。

在"几何体"中单击图标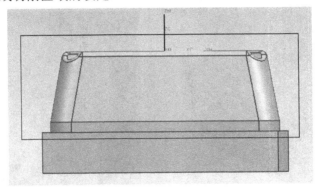，进入"切削区域"对话框。框选如图 11-4 所示零件区域，单击"确定"，则完成切削区域的设定。

图 11-4　切削区域所选面

（2）一般参数设定。

在"方法"中选择"MILL_ROUGH"，"切削模式"选择"跟随部件"，"步距"选择"%刀具平直"即刀具直径的百分比，在"平面直径百分比"处输入"75"，"全局每刀深度"设为"3"，如图 11-5 所示。

图 11-5　一般参数设定

（3）"切削参数"设定。

单击"切削参数"即图标，弹出"切削参数"对话框，在"策略"选项卡中，"切削方向"设为"顺铣"，"切削顺序"设为"深度优先"，"在边上延伸"输入"10 mm"。在"余量"选项卡中，勾选"使用'底部面和侧壁余量一致'"，"部件侧面余量"输入"0.5"，其他余量为"0"。在"连接"选项卡中，"开放刀路"设为"变换切削方向"，其他参数使用默认值。

（4）"非切削移动"参数设定。

单击"非切削移动"即图标，弹出"非切削移动"对话框，在"进刀"选项卡中，设置"封闭区域"的"进刀类型"为"螺旋线"、"倾斜角度"为"8"、"高度"为"1"；设置"开放区域"的"进刀类型"为"圆弧"。其他参数使用默认值。

（5）"进给和速度"参数设定。

单击"进给和速度"即图标，弹出"进给和速度"对话框。按照表 11-1 所示，设置主轴转速和进给参数，单击"确定"按钮。单击"生成"即图标，生成刀路轨迹，然后单击"确定"完成此操作，生成的刀路轨迹如图 11-6 所示。

6）模拟仿真加工

选中操作 1，单击鼠标右键，执行"刀轨"→"确认"，进入实体模拟仿真加工。在弹出的"刀轨可视化"对话框中，选择"2D 动态"，单击"选项"，进入"IPW 碰撞检查"对话框，勾选"碰撞时暂停"，然后单击"确定"。单击"播放"，仿真加工开始。得到仿真加工效果后，单击"刀轨可视化"对话框中的"比较"按钮，则可以清楚地看出结果零件跟部件之间的差别，如图 11-7 所示。

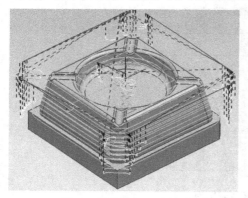
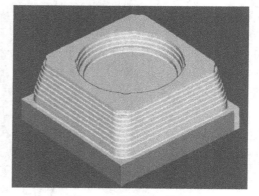

图 11-6　操作 1 刀路轨迹　　　　　　　图 11-7　仿真加工结果

11.2.2.2　零件整体半精加工

在"加工操作导航器"中，选择操作程序"1"，单击鼠标右键，依次选择"复制"和"粘贴"，并将操作程序名称改为"2"。

双击之前复制、粘贴的操作程序 2 或右键单击程序 2，选择"编辑"，进入参数编辑状态。"刀具"改为"B6"，"方法"改为"MILL_SEMI_FINISH"，"切削模式"改为"轮廓"，"附加刀路"为"0"，"全局每刀深度"改为"1"。在"切削参数"的"余量"选项卡中，去掉"使用'底部面和侧壁余量一致'"，输入"部件侧面余量"为"0.2"，其他余量为"0"。在"非切削移动"参数的"进刀"选项卡中，设置"封闭区域"的"进刀类型"为"与开放区域相同"。对于"进给和速度"，按照表 11-1 中工步 2 所示修改主轴转速和进给参数。其他参数不变。单击"生成"即图标，生成刀路轨迹，然后单击"确定"完成此操作，生成的刀路轨迹如图 11-8 所示。模拟仿真加工结果如图 11-9 所示。

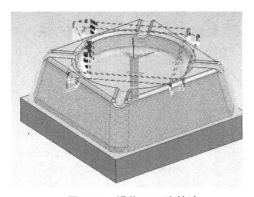

图 11-8 操作 **2** 刀路轨迹

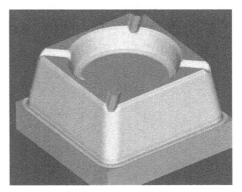

图 11-9 仿真加工结果

11.2.2.3 精加工顶面、型腔底面和台阶面

1）创建操作

单击"创建操作"即图标 ，在弹出的"创建操作"对话框中，"类型"设为"mill_planar"，"操作子类型"设为"FACE_MILLING_AREA"即 ![]，"刀具"选择"D16"，"几何体"选择"WORKPIECE"，"方法"选择"MILL_FINISH"，"名称"改为"3"，单击"确定"按钮，进入"面铣削区域"对话框。

2）设置参数

（1）指定切削区域。

在"几何体"中单击图标 ![]，进入"切削区域"对话框，在"过滤方法"处选择"面"。选择如图 11-10 所示的 6 个面，单击"确定"，则完成切削区域的设定。

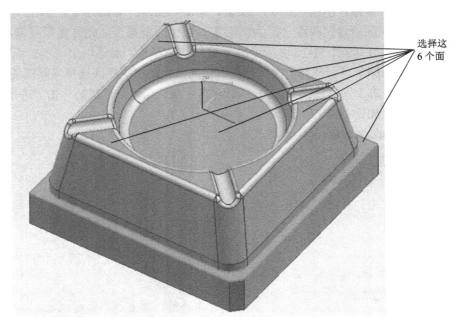

选择这
6 个面

图 11-10 切削区域所选面

（2）一般参数设定。

在"方法"中选择"MILL_FINISH"，"切削模式"选择"混合"，"步距"选择"%刀具平直"即刀具直径的百分比，在"平面直径百分比"处输入"75"，"毛坯距离"采用 UG 默认值，"每刀深度"和"最终底部面余量"均输入"0"，如图 11-11 所示。

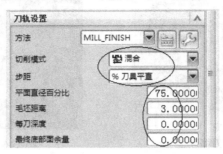

图 11-11　一般参数设定

（3）"切削参数"设定。

切削参数可全部使用默认参数。

（4）"非切削移动"参数设定。

单击"非切削移动"即图标📇，弹出"非切削移动"对话框，在"进刀"选项卡中，设置"封闭区域"的"进刀类型"为"螺旋线"、"倾斜角度"为"8"、"高度"为"1"；设置"开放区域"的"进刀类型"为"圆弧"。在"开始/钻点"选项卡中，设置"重叠距离"为"3"。其他参数使用默认值。

（5）"进给和速度"参数设定。

单击"进给和速度"即图标🖽，弹出"进给和速度"对话框。按照表 11-1 所示，设置主轴转速和进给参数，单击"确定"按钮。单击"生成"即图标📌，弹出"区域切削模式"对话框，并且视图变为俯视图（因为切削模式选择的是混合，此时需要根据不同的区域选择不同的切削模式），如图 11-12 所示。在"区域切削模式"对话框中，单击不同的区域选择不同的切削模式，即上顶面选择"跟随部件"切削模式，型腔底面选择"跟随周边"切削模式，台阶面选择"轮廓"切削模式。单击"确定"，生成刀路轨迹，然后单击"确定"完成此操作，生成的刀路轨迹如图 11-13 所示。

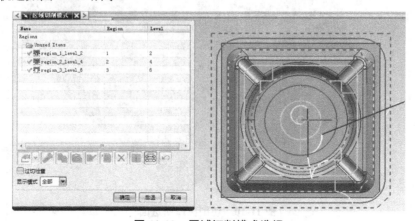

图 11-12　区域切削模式选择

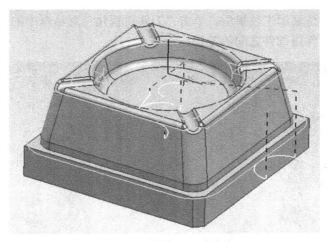

图 11-13 操作 3 刀路轨迹

11.2.2.4 零件整体精加工

在"加工操作导航器"中，选择操作程序"2"，单击鼠标右键，依次选择"复制"和"粘贴"，并将操作程序名称改为"4"。

双击之前复制、粘贴的操作程序 4 或右键单击程序 4，选择"编辑"，进入参数编辑状态。"方法"改为"MILL _FINISH"，"切削模式"改为"轮廓"，"步距"选择"残余高度"，"残余高度"输入"0.08"，"附加刀路"为"0"，"全局每刀深度"改为"0.2"。在"切削参数"的"余量"选项卡中，所有余量均设为"0"。"非切削移动"不改变设置。对于"进给和速度"，按照表 11-1 中工步 4 所示修改主轴转速和进给参数。其他参数不变。单击"生成"即图标，生成刀路轨迹，然后单击"确定"完成此操作，生成的刀路轨迹如图 11-14 所示。

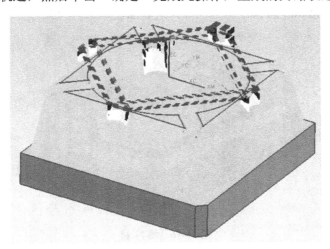

图 11-14 操作 4 刀路轨迹

11.2.2.5 模拟仿真加工

同时选中所有的操作，单击鼠标右键，执行"刀轨"→"确认"，进入实体模拟仿真加工。在弹出的"刀轨可视化"对话框中，选择"2D 动态"，单击"选项"，进入"IPW 碰撞检查"对话框，勾选"碰撞时暂停"，然后单击"确定"。单击"播放"，仿真加工开始。得到如图 11-15 所示的仿真加工效果后，单击"刀轨可视化"对话框中的"比较"按钮，则可以清楚地看出结果零件跟部件之间的差别。

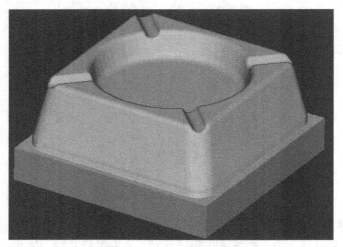

图 11-15　模拟仿真加工结果

11.2.2.6　后置处理

后置处理和项目 2 的后置处理方法相同。

11.3　思考与练习

完成本书配套光盘中 lianxi\11.prt 的练习零件的孔的加工，如图 11-16 所示。毛坯为 290 mm×205 mm×40 mm 的长方体毛坯（其余表面已加工），材料为 45 钢。

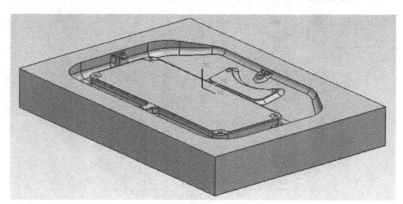

图 11-16　练习 11

项目 12　三维加工综合实例 2

12.1　项 目 任 务

完成如图 12-1 所示任务零件的加工程序的编制。毛坯为 250 mm×250 mm×60 mm 的长方块（6 个面均已加工到位），材料为 45 钢。

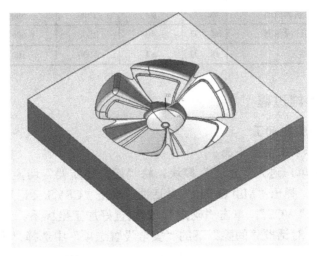

图 12-1　任务零件 12

12.2　任 务 实 施

12.2.1　加工工艺分析

12.2.1.1　零件分析

此任务零件为电风扇叶轮模型，对于此零件的加工来说，只需将一个叶片的刀路生成，再将它进行变换即绕着中心旋转即可，这样会节省大量的编程时间。

打开本书配套光盘中 renwu\ch12.prt 的任务零件文件，进入 UG 的加工模块，根据项目 1 的方法初始化 CAM 设置，然后分析零件的各参数信息。

12.2.1.2　确定加工工艺方案

任务加工工艺见表 12-1。

表 12-1　数控加工工艺卡片

数控加工工艺卡片			产品名称	零件名称	材　料		零件图号	
					45 钢			
工序号	程序编号		夹具名称	夹具编号	使用设备		车　间	
			虎钳					
工步号	工　步　内　容		刀具类型	刀具直径 /mm	主轴转速 /(r·min⁻¹)	进给速度 /(mm·min⁻¹)	操作中刀具名称	操作名称
1	零件整体粗加工		圆角刀	$\phi 16R1$	500	100	D16R1	1
2	残料粗加工		平底刀	$\phi 8$	1500	400	D8	2
3	半精加工叶片侧壁		球　刀	$\phi 6$	1500	400	B6	3
4	半精加工叶片扇面曲面		球　刀	$\phi 6$	1500	400	B6	4
5	半精加工中间凹槽曲面		球　刀	$\phi 6$	1500	400	B6	5
6	精加工叶片侧壁		球　刀	$\phi 3$	2000	600	B3	6
7	精加工叶片扇面曲面		球　刀	$\phi 3$	2000	600	B3	7
8	精加工中间凹槽曲面		球　刀	$\phi 3$	2000	600	B3	8
9	清根加工		球　刀	$\phi 1$	3000	100	B1	9

12.2.2　任务实施过程

12.2.2.1　零件整体粗加工

1）创建加工坐标系及安全平面

单击"开始"菜单，进入"加工"模块。将"操作导航器"切换至"几何视图"，双击"坐标系"即 MCS_MILL，弹出"Mill Orient"对话框。单击"CSYS 会话"，进入"CSYS"对话框。选择"参考"为"WCS"，单击"确定"，则设置好加工坐标系。

在"Mill Orient"对话框"间隙"下的"安全设置选项"中选择"平面"，单击"指定安全平面"即，随即弹出"平面构造器"对话框，选择零件最顶部的平面，然后在"偏置"处输入"5"，单击"确定"，则设置好安全平面。最后单击"Mill Orient"对话框的"确定"按钮。

2）创建几何体

双击"WORKPIECE"即 WORKPIECE，弹出"铣削几何体"对话框。单击"指定部件"，然后选定被加工的部件零件，单击"确定"；单击"指定毛坯"，选择自动块，单击"确定"。

3）创建刀具

单击"创建刀具"即图标，弹出"创建刀具"对话框。设置"类型"为"mill_planar"、"刀具子类型"为"MILL"即、"名称"为"D16R1"，单击"确定"，进入"铣刀参数"对话框，在"直径"处输入"16"，"底圆角半径"输入"1"，单击"确定"即可。以类似的方法创建刀具 D8、B6、B3 和 B1。

4）创建操作

单击"创建操作"即图标，在弹出的"创建操作"对话框中，"类型"设为"mill_contour"，"操作子类型"设为"CAVITY_MILL"即，"刀具"选择"D16R1"，"几何体"选择"WORKPIECE"，"方法"选择"MILL_ROUGH"，"名称"改为"1"，单击"确定"按钮，进入"型腔铣"对话框。

5）设置参数

（1）指定切削区域。

在"几何体"中单击图标，进入"切削区域"对话框。框选如图 12-2 所示零件区域，单击"确定"，则完成切削区域的设定。

（2）一般参数设定。

在"方法"中选择"MILL_ROUGH"，"切削模式"选择"跟随部件"，"步距"选择"%刀具平直"即刀具直径的百分比，在"平面直径百分比"处输入"75"，"全局每刀深度"设为"1.5"，如图 12-3 所示。

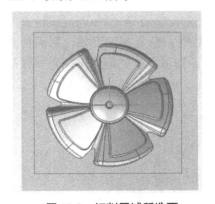

图 12-2　切削区域所选面

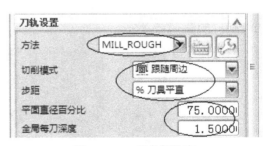

图 12-3　一般参数设定

（3）"切削参数"设定。

单击"切削参数"即图标，弹出"切削参数"对话框，在"策略"选项卡中，"切削方向"设为"顺铣"，"切削顺序"设为"深度优先"。在"余量"选项卡中，勾选"使用'底部面和侧壁余量一致'"，输入"部件侧面余量"为"0.3"，其他余量为"0"。在"连接"选项卡中，"开放刀路"设为"变换切削方向"。其他参数使用默认值。

（4）"非切削移动"参数设定。

单击"非切削移动"即图标，弹出"非切削移动"对话框，在"进刀"选项卡中，设置"封闭区域"的"进刀类型"为"螺旋线"、"倾斜角度"为"8"、"高度"为"1"，"最小倾斜长度"为"刀具直径的 40%"；在"传递/快速"选项卡中，设置"区域内"的"传递类型"为"前一平面"。其他参数使用默认值。

（5）"进给和速度"参数设定。

单击"进给和速度"即图标，弹出"进给和速度"对话框。按照表 12-1 所示，设置主轴转速和进给参数，单击"确定"按钮。单击"生成"即图标，生成刀路轨迹，然后单击"确定"完成此操作，生成的刀路轨迹如图 12-4 所示。

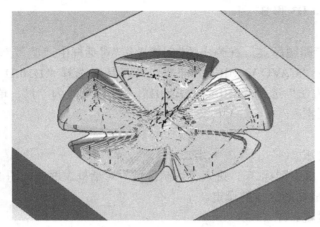

图 12-4　操作 1 刀路轨迹

　　6）模拟仿真加工

　　选中操作 1，单击鼠标右键，执行"刀轨"→"确认"，进入实体模拟仿真加工。在弹出的"刀轨可视化"对话框中，选择"2D 动态"，单击"选项"，进入"IPW 碰撞检查"对话框，勾选"碰撞时暂停"，然后单击"确定"。单击"播放"，仿真加工开始。得到仿真加工效果后，单击"刀轨可视化"对话框中的"比较"按钮，则可以清楚地看出结果零件跟部件之间的差别，如图 12-5 所示。

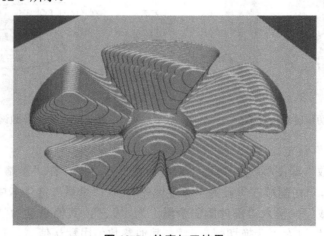

图 12-5　仿真加工结果

12.2.2.2　残料粗加工

　　在"加工操作导航器"中，选择操作程序"1"，单击鼠标右键，依次选择"复制"和"粘贴"，并将操作程序名称改为"2"。

　　双击之前复制、粘贴的操作程序 2 或右键单击程序 2，选择"编辑"，进入参数编辑状态。"刀具"改为"D8"，"全局每刀深度"改为"0.3"。在"切削参数"的"空间范围"选项卡中，将"参考刀具"设置为"D16R1"。在"非切削移动"参数的"进刀"选项卡中，设置"封闭区域"的"进刀类型"为"与开放区域相同"，设置"开放区域"的"进刀类型"为"圆弧"。对于"进给和速度",按照表 12-1 中工步 2 所示修改主轴转速和进给参数。其他参数不变。单击"生成"即图标，生成刀路轨迹，然后单击"确定"完成此操作,生成的刀路轨迹如图 12-6 所示。

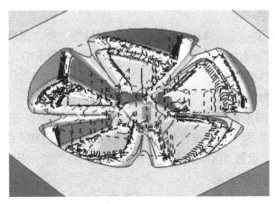

图 12-6 操作 2 刀路轨迹

12.2.2.3 半精加工叶片侧壁

1）创建操作

单击"创建操作"即图标，在弹出的"创建操作"对话框中,"类型"设为"mill_contour","操作子类型"设为"CAVITY_MILL"即，"刀具"选择"B6","几何体"选择"WORKPIECE","方法"选择"MILL_SEMI_FINISH","名称"改为"3",单击"确定"按钮,进入"型腔铣"对话框。

2）设置参数

（1）指定切削区域。

在"几何体"中单击图标，进入"切削区域"对话框。选择如图 12-7 所示的 9 个面,单击"确定",则完成切削区域的设定。

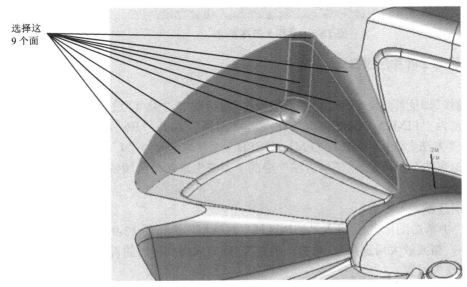

选择这
9 个面

图 12-7 切削区域所选面

（2）一般参数设定。

在"方法"中选择"MILL_SEMI_FINISH"，"切削模式"选择"轮廓"，"步距"选择"残余高度"，在"残余高度"处输入"0.2"，在"全局每刀深度"处输入"0.1"。

（3）"切削参数"设定。

单击"切削参数"即图标 ，弹出"切削参数"对话框，在"策略"选项卡中，"切削方向"设为"顺铣"，"切削顺序"设为"深度优先"。在"余量"选项卡中，勾选"使用'底部面和侧壁余量一致'"，输入"部件侧面余量"为"0.15"，其他余量为"0"。其他参数使用默认值。

（4）"非切削移动"参数设定。

单击"非切削移动"即图标 ，弹出"非切削移动"对话框，在"进刀"选项卡中，设置"封闭区域"的"进刀类型"为"与开放区域相同"，设置"开放区域"的"进刀类型"为"圆弧"；在"传递/快速"选项卡中，设置"区域内"的"传递类型"为"前一平面"。其他参数使用默认值。

（5）"进给和速度"参数设定。

单击"进给和速度"即图标 ，弹出"进给和速度"对话框。按照表 12-1 所示，设置主轴转速和进给参数，单击"确定"按钮。单击"生成"即图标 ，生成刀路轨迹，然后单击"确定"完成此操作，生成的刀路轨迹如图 12-8 所示。

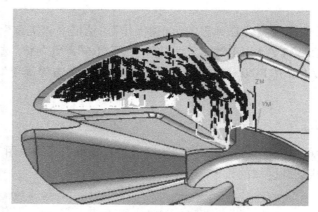

图 12-8 操作 3 刀路轨迹

12.2.2.4 半精加工叶片扇面曲面

1）创建操作

单击"创建操作"即图标 ，在弹出的"创建操作"对话框中，"类型"设为"mill_contour"，"操作子类型"设为"FIXED_CONTOUR"即 ，"刀具"选择"B6"，"几何体"选择"WORKPIECE"，"方法"选择"MILL_SEMI_FINISH"，"名称"改为"4"，单击"确定"按钮，进入"固定轮廓铣"对话框，"驱动方法"中的"方法"选择"区域铣削"。

2）设置参数

（1）指定切削区域。

在"几何体"中单击图标 ，进入"切削区域"对话框。选择图 12-9 中框选的 13 个面（有些圆角面很小，需要放大后选择），单击"确定"，则完成切削区域的设定。

（2）"驱动方法"设置。

单击图标 ，进入"区域铣削驱动方法"对话框，如图 12-10 所示，"方法"设为"无"，

"切削模式"选择"往复","切削方向"设为"顺铣","步距"设为"残余高度",在"残余高度"处输入"0.1","步距已应用"设为"在部件上","切削角"设为"用户定义","度"输入"45",单击"确定"按钮,返回"固定轮廓铣"对话框。

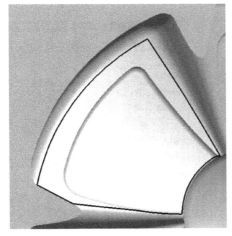 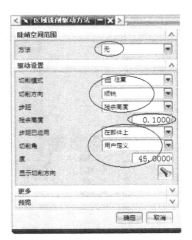

图 12-9　切削区域所选面　　　　　图 12-10　"区域铣削驱动方法"对话框

（3）"切削参数"设定。

单击"切削参数"即图标![icon],弹出"切削参数"对话框,在"余量"选项卡中,在"部件余量"处输入"0.15",其他余量为"0"。其他参数使用默认值。

（4）"非切削移动"参数设定。

单击"非切削移动"即图标![icon],弹出"非切削移动"对话框,在"进刀"选项卡中,设置"开放区域"的"进刀类型"为"圆弧-平行于刀轴"。其他参数使用默认值。

（5）"进给和速度"参数设定。

单击"进给和速度"即图标![icon],弹出"进给和速度"对话框。按照表 12-1 所示,设置主轴转速和进给参数,单击"确定"按钮。单击"生成"即图标![icon],生成刀路轨迹,然后单击"确定"完成此操作,生成的刀路轨迹如图 12-11 所示。

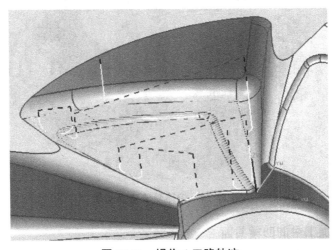

图 12-11　操作 4 刀路轨迹

12.2.2.5 刀路变换——半精加工其他叶片

同时选中操作 3 和 4，单击鼠标右键，选择"对象"→"变换"，如图 12-12 所示，进入"变换"对话框，如图 12-13 所示。

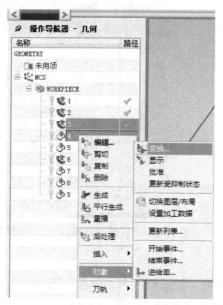

图 12-12 刀路轨迹变换操作

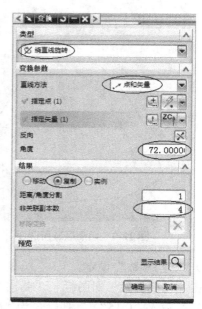

图 12-13 "变换"对话框

在"变换"对话框中，"类型"选择"绕直线旋转"，"直线方法"选择"点和矢量"，"指定点"选择"加工坐标原点"，"指定矢量"选择"ZC"，"角度"输入"72"，选择"复制"，"非关联副本数"输入"4"，单击"确定"完成此操作，生成的刀路轨迹如图 12-14 所示。

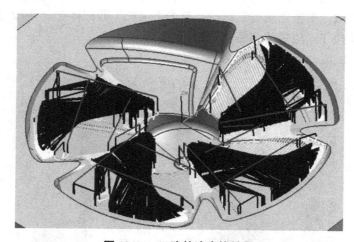

图 12-14 刀路轨迹变换结果

12.2.2.6 半精加工中间凹槽曲面

在"加工操作导航器"中，选择操作程序"4"，单击鼠标右键，依次选择"复制"和"粘

贴"，并将操作程序名称改为"5"。

　　双击之前复制、粘贴的操作程序 5 或右键单击程序 5，选择"编辑"，进入参数编辑状态。在"几何体"中单击图标🔲，进入"切削区域"对话框。框选如图 12-15 所示零件区域，单击"确定"，则完成切削区域的修改。

　　进入"区域铣削驱动方法"对话框，将"切削模式"改为"跟随周边"，"刀路方向"改为"向内"，"切削方向"改为"顺铣"，"步距"设为"残余高度"，"残余高度"输入"0.1"，"步距已应用"设为"在部件上"，单击"确定"按钮，返回"固定轮廓铣"对话框。

　　"切削参数"和"非切削移动"参数的设置都不再改变。对于"进给和速度"，按照表 12-1 中工步 5 所示修改主轴转速和进给参数。其他参数不变。单击"生成"即图标🔲，生成刀路轨迹，然后单击"确定"完成此操作，生成的刀路轨迹如图 12-16 所示。

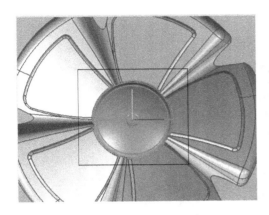

图 12-15　切削区域所选面

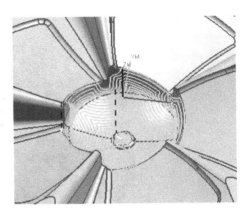

图 12-16　操作 5 刀路轨迹

12.2.2.7　精加工叶片侧壁

　　在"加工操作导航器"中，选择操作程序"3"，单击鼠标右键，依次选择"复制"和"粘贴"，并将操作程序名称改为"6"。

　　双击之前复制、粘贴的操作程序 6 或右键单击程序 6，选择"编辑"，进入参数编辑状态。"刀具"改为"B3"，"方法"选择"MILL _FINISH"，"残余高度"改为"0.05"，"全局每刀深度"改为"0.05"。在"切削参数"的"余量"选项卡中，将所有余量改为"0"。对于"进给和速度"，按照表 12-1 中工步 6 所示修改主轴转速和进给参数。其他参数不变。单击"生成"即图标🔲，生成刀路轨迹，然后单击"确定"完成此操作。

12.2.2.8　精加工叶片扇面曲面

　　在"加工操作导航器"中，选择操作程序"4"，单击鼠标右键，依次选择"复制"和"粘贴"，并将操作程序名称改为"7"。

　　双击之前复制、粘贴的操作程序 7 或右键单击程序 7，选择"编辑"，进入参数编辑状态。"刀具"改为"B3"，"方法"选择"MILL _FINISH"，将"区域铣削驱动方法"对话框中的"残余高度"改为"0.05"。在"切削参数"的"余量"选项卡中，将所有余量改为"0"。对于"进给和速度"，按照表 12-1 中工步 7 所示修改主轴转速和进给参数。其他参数不变。单击"生成"即图标🔲，生成刀路轨迹，然后单击"确定"完成此操作。

12.2.2.9　精加工中间凹槽曲面

在"加工操作导航器"中，选择操作程序"5"，单击鼠标右键，依次选择"复制"和"粘贴"，并将操作程序名称改为"8"。

双击之前复制、粘贴的操作程序 8 或右键单击程序 8，选择"编辑"，进入参数编辑状态。"刀具"改为"B3"，"方法"选择"MILL _FINISH"，将"区域铣削驱动方法"对话框中的"残余高度"改为"0.05"。在"切削参数"的"余量"选项卡中，将所有余量改为"0"。对于"进给和速度"，按照表 12-1 中工步 8 所示修改主轴转速和进给参数。其他参数不变。单击"生成"即图标，生成刀路轨迹，然后单击"确定"完成此操作。

12.2.2.10　刀路再次变换——精加工其他叶片

按 12.2.2.5 的方法，将操作 6 和 7 的刀路绕中心旋转，得到其余叶片的精加工刀路轨迹，如图 12-17 所示。

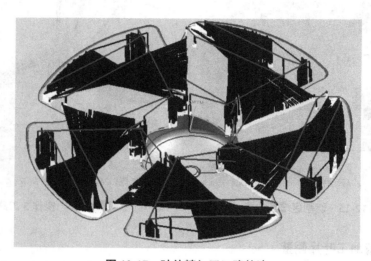

图 12-17　叶片精加工刀路轨迹

12.2.2.11　清根加工

单击"创建操作"即图标，在弹出的"创建操作"对话框中，"类型"设为"mill_contour"，"操作子类型"设为"FIXED_CONTOUR"即，"刀具"选择"B1"，"几何体"选择"WORKPIECE"，"方法"选择"MILL _FINISH"，"名称"改为"9"。单击"确定"按钮，进入"固定轮廓铣"对话框。"驱动方法"中的"方法"选择"清根"。

进入"清根驱动方法"对话框。在"驱动设置"下的"清根类型"选择"参考刀具偏置"，"切削模式"选择"往复"，"步距"输入"0.05 mm"，"顺序"选择"由外向内变化"。在"参考刀具"下的"参考刀具直径"参数中输入上一个操作所使用的刀具直径"3"（当然，也可将输入的直径值略大于上一个操作所使用的刀具），"重叠距离"输入"0.03"。单击"确定"重新返回"固定轮廓铣"对话框。在"刀轨设置"下的"切削参数"可按默认值设定。在"非切削移动"参数的"进刀"选项卡中，设置"开放区域"的"进刀类型"为"圆弧-平行于刀轴"。其他参数使用默认值。按照表 12-1 工步 9 所示修改主轴转速和进给参数，进而生成刀路轨迹，如图 12-18 所示。

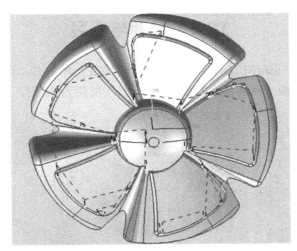

图 12-18　清根加工刀路轨迹

12.2.2.12　模拟仿真加工

同时选中所有的操作，单击鼠标右键，执行"刀轨"→"确认"，进入实体模拟仿真加工。在弹出的"刀轨可视化"对话框中，选择"2D 动态"，单击"选项"，进入"IPW 碰撞检查"对话框，勾选"碰撞时暂停"，然后单击"确定"。单击"播放"，仿真加工开始。得到如图 12-19 所示的仿真加工效果后，单击"刀轨可视化"对话框中的"比较"按钮，则可以清楚地看出结果零件跟部件之间的差别。

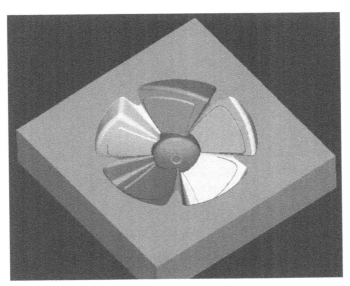

图 12-19　模拟仿真加工结果

12.2.2.13　后置处理

后置处理和项目 2 的后置处理方法相同。

12.3　思考与练习

完成本书配套光盘中 lianxi\12.prt 的练习零件的孔的加工，如图 12-20 所示。毛坯为 100 mm×80 mm×32 mm 的长方块（四周侧面及底面已加工），材料为 45 钢。

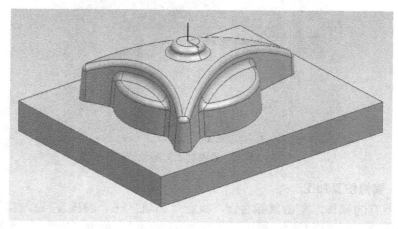

图 12-20　练习 12

参 考 文 献

［1］肖军民. UG 数控加工自动编程经典实例[M]. 北京：机械工业出版社，2013.

［2］鑫泰数控，郝生根，康亚鹏. UG NX 7.5 数控加工自动编程 [M]. 北京：机械工业出版社，2011.

［3］何冰强，林辉. UG NX 7.5 数控加工应用[M]. 北京：电子工业出版社，2012.

［4］韩思明，郑福禄，赵战峰. UG NX 5 中文版模具加工经典实例解析[M]. 北京：清华大学出版社，2007.